U0323926

读图时代

江南问茶

郑建新 汪琼/编著

全国百佳图书出版单位
ARTTIME 时代出版
时代出版传媒股份有限公司
黄山书社

图书在版编目(CIP)数据

江南问茶/郑建新，汪琼编著. -- 合肥：黄山书社，2013. 3

（问系列）

ISBN 978-7-5461-3448-2

Ⅰ. ①江… Ⅱ.① 郑…②汪… Ⅲ. ①茶叶—文化—华东地区—通俗读物 Ⅳ. ①TS971-49

中国版本图书馆CIP数据核字(2013)第030619号

江南问茶
JIANG NAN WEN CHA

郑建新 汪 琼 编著

出 版 人：任耕耘　　责任编辑：司　雯
责任印制：戚　帅　李　磊　　装帧设计：曹　娜

出版发行：时代出版传媒股份有限公司（http://www.press-mart.com）
黄山书社（http://www.hsbook.cn）
（合肥市蜀山区翡翠路1118号出版传媒广场7层　邮编：230071）
经　　销：新华书店　　营销电话：0551-63533762 63533768
印　　刷：安徽联众印刷有限公司　　电　　话：0551-65661327

开　　本：710×875　1/16　　印张：10　　字数：145千字
版　　次：2013年3月第1版　　2013年3月第1次印刷
书　　号：ISBN 978-7-5461-3448-2　　定价：39.00元

醉在江南茶香中

江南，是深幽小巷中泛着潮湿的青石板路，是乌镇高高挂在架子上的蓝印花布，是周庄的摇橹小船，是西湖岸边打着油纸伞的美女……江南是众多美丽的影像，在它们之中，仿佛总有一缕轻香萦绕其中，那便是淡淡的茶香，江南之水所泡的江南茶香。

江南，是一首温婉的诗歌。她美丽、富饶、灵动，富有韵味。茶文化在这人杰地灵之地生根、发芽、滋长。历朝历代的文人墨客、爱茶人士都对江南茶推崇备至，并由此创作出诸多艺术佳作。文人的情怀与茶思，在江南体现得淋漓尽致。

江南茶的足迹，已是跨越了千年。江南茶的采摘、制作、煎煮、品饮等程序繁琐却不乏趣味，这是茶叶香韵必不可少的环节。江南的茶庄制造出无数名茶，培育了许多茶师，奠定了江南茶丰厚的物质基础。

茶能提神醒脑，茶可做佳肴，茶食茶宴为另一种可口的茶香。贡茶、礼茶是传播情谊的使者，江南人得闲去茶楼成了日常之事，乡村人、都市人可以在这里喝出不同的情怀。江南人热衷于修习茶艺。茶艺是一首独唱的歌，演绎着江南茶独特的风韵。江南茶具有“三最”：最早、最完整、最有影响，尤以紫砂风景最好。好器配好水，好泉不胜数，让江南魅力尽情释放在杯里。

本书以江南茶为主体，以地理、人文、特产、民俗等诸多事物，来展现江南的茶文化，古意盎然，风格独特，是适合江南茶文化爱好者，以及所有爱茶人士收藏之书。

江南问茶

目录

第一章

忆江南

清月满西楼

小桥、流水、人家……江南是一幅优美的画。她风景秀美、历史悠久、文化灿烂、物产丰饶，孕育出独有的「江南风情」，让人陶醉、神往。当月满西楼时，在江南的小轩窗下，品一盏香茗，回味无穷。

中国的版图，恰似一只昂首高歌的雄鸡，江南位于她的腹部。具有温婉风情的江南水乡与古镇则属于“江南中的江南”，即“小江南”。“小江南”恰似一颗明珠，在江南广阔的土地上熠熠生辉。浩荡长江是她的血脉，黄山山脉、天目山山脉、庐山山脉是她的脊梁，“杭嘉湖”平原的纵横水系是“江南水乡”的源泉。老徽州的“一府六县”，江西婺源、上饶、修水等地秀美的古村落及产茶区则自古闻名……丰富的营养，滋润着这块土地，使她无比秀丽、丰饶和灵动，人称“画里江南”。

秀丽的江南，最具魅力的是春天朦胧的烟雨。城市的轮廓被水墨浸染，山体的线条被春雨融化，满天飘浮着缥缈的诗意，放眼尽现出朦胧的婉约。梦幻迷离的模糊，写在人的心中；天地衔接的无界，迷住人的双眼。姑娘撑着花伞的浪漫，逗着路人的遐想；情人比肩的倚靠，引出无限的自豪。

苏州山塘

七里山塘有着典型的江南水乡风貌。小桥、流水、人家、白墙、黑瓦、木船，犹如一幅中国水墨画，简练而深远。江南水乡就像一杯绿茶，需要慢慢品味，平淡中回味犹存。

苏州网师园

秀丽的江南，美丽在春光艳阳下。莺飞草长、小鸟啁啾、田畴泛绿、阡陌开花、桃红柳绿、梨白麦青、油菜花黄、溪水呜咽、莺歌燕舞，赏心悦目的美，醉人心田。尤其三月，春风哗啦啦吹起，茶旗临风玉立，那是一面旗帜——江南的春天。

江南的美，如丝如水。这里是世外桃源、田园牧歌、鱼米之乡。风到这里停步，拂去人间的尘埃；雨到这里歇脚，洗净凡尘的污垢。乃至有人说，“世界若是水，江南就是水中的明月；世界若是镜，江南就是镜中的兰花”，这段语评贴切到位。

江南的古镇——周庄、同里、乌镇、木渎、西递、宏村、江湾、龙川……是江南的精神和风采，在超凡脱俗中返璞归真；小桥、流水、人家、白墙、黛瓦、耕牛、炊烟，是江南的风骨和容颜，是江南的过去和未来。水乡飘荡着的江南小调，或许随习习微风入画，或许随阡陌牵引，写在民居的白墙黛瓦上。高高耸立的马头墙，散落在青山绿水间，高低交错，疏密有致。

杭丰英《西湖摩登女》（民国时期）

小桥、流水、旗袍、美女，一幅江南美景跃然纸上。自古苏杭出美女，江南女子多被赞为像绿茶一样清新、淡雅，像乌龙茶一样回味香醇，像花茶一样的清香、迷人。

佚名《南都繁会图卷》【局部】（明代）中国国家博物馆藏

此图描绘了明代后期南京城元宵节的繁华盛况。街市纵横、店铺林立，商贾、游人如织，这充分展现了明代江南城市的经济繁荣与人民生活富足的境况。

“名茶发客”：明代流行的茶社招牌。

江南的景观令人向往“淡妆浓抹总相宜”的杭州西湖，园林、古寺、古塔、古宅、古树繁多而优美的苏州，折射了几百年妩媚的扬州瘦西湖，南京的秦淮河、夫子庙，以及绍兴的三味书屋，宁波的天一阁，安徽的黄山、屯溪和江西的庐山等。这些景观无不沉淀着昔日的繁华，积聚着人文风采，像一盏浓醇的茶，滋味无比甘醇与绵长。

黄山（安徽）

●享有“黄山归来不看岳”的美称，以“三奇四绝”的风光称雄于世。

●特产名茶：黄山毛峰

黄山风光

庐山（江西）

●享有“匡庐奇秀甲天下”的美称。

●特产名茶：庐山云雾

绍兴（浙江）

●水乡景色闻名于世，称之为“东方威尼斯”。

●特产名茶：平水珠茶、日铸雪芽

三味书屋

鲁迅少年读书处。

江南产茶区大多通过水路运送茶叶

①通过京杭大运河将江南茶运到长江以北地区。

②通过其他水路、陆路将茶运至其他地区。

③通过泉州等港口将茶出口到国外。

茶社：明代的饮茶方式已改为沸水泡饮。画中伙计正忙着提壶给满座的茶客倒水泡茶。

南京（江苏）

●南京有“金陵帝王都”之称。

●特产名茶：雨花茶

夫子庙

即孔庙，位于秦淮河北岸，始建于宋代，为十里秦淮风光带上的重要景点。

扬州（江苏）

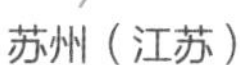

苏州（江苏）

●古典园林闻名世界，可赏景，可游玩，可居住，师法自然，追求和谐。

●特产名茶：碧螺春

拙政园

中国四大名园之一，名冠江南，胜甲东吴。在我国园林史上具有重要地位。

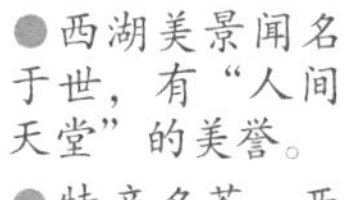

●西湖美景闻名于世，有“人间天堂”的美誉。

●特产名茶：西湖龙井

雷峰塔

“西湖十景”之一。

宜兴（江苏）

杭州（浙江）

●素有“陶都”之称的紫砂壶原产地。

●特产名茶：阳羡雪芽

紫砂壶

中国特有的、手工制作而成的，集诗词、绘画、雕刻于一体的工艺品。

安徽黄山毛峰茶山

黄山毛峰茶芽
黄山种芽叶肥壮，叶色绿，有光泽，毛毫多，有较强的抗寒性和适应性。

江南的土地肥沃广袤。明代王士性在其《广志绎》中说："江南泥土，江北沙土，南土湿，北土燥，南宜稻，北宜黍、粟、麦、菽，天造地设，开辟已然，不可强也。"平原成就的"鱼米之乡"，江南的水稻种植面积和产量均居全国第一，小麦、油菜、棉花产量也高。横亘的长江和钱塘江两大水系，由京杭大运河互通，织成茂密水网，其间河道棋布、湖泊众多，"水乡泽国"的美誉，恰如其分。洞庭湖、太湖等的淡水鱼产量为全国第一，特别是太湖流域，是重要的蚕桑基地，享誉海内外。

江南的山脉令人称赞：黄山的鬼斧神工，变幻出奇特风景，被冠以世界自然遗产、世界文化遗产和世界地质公园三项桂冠；

京杭大运河

江南产茶区皆在山清水秀之地，唐代之后的茶叶贸易一度以京杭大运河为主要路线。南北茶商往来频繁，甚至通过水路到达海港将茶出口到国外。

佚名《康熙南巡图》（清代）

清朝历代皇帝南巡皆是坐船，沿京杭大运河一路南下。皇家船队浩浩荡荡，蔚为壮观。茶是皇帝的喜好之物，返航时，带大量的江南丝绸、茶叶回宫，成为每次南巡的惯例。

九华山，佛教名山之一，吸引着无数人去寻找精神寄托；天目山，“大树华盖闻九州”，峭壁突兀怪石林立；雁荡山，奇岩怪石，飞瀑流泉，堪称地貌博物馆……

而江南的茶山，春日腾出的氤氲，袭来阵阵的芳香，茶旗顽强摇曳，抵抗着春风的戏弄。那一片片无尽的绿，如云彩般的锦缎铺满茶山。山间的陡峭，延向广袤的原野，丘陵的起伏，闪出满眼的绿意，陶醉了人们的心田，这便是茶乡的迷人之处。

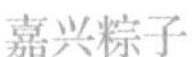
嘉兴粽子

杭州塘栖枇杷

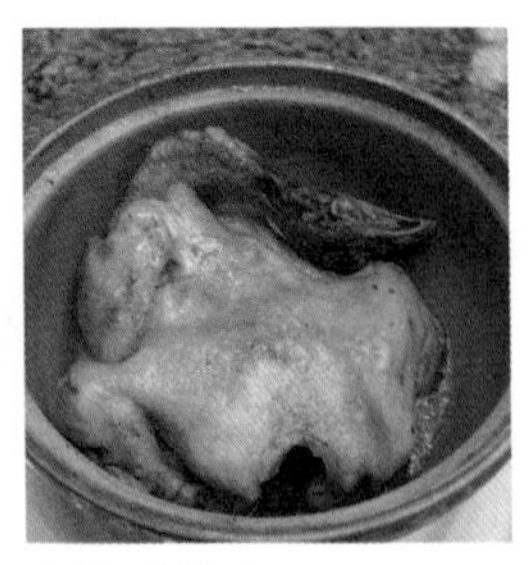

上海叫花鸡

东坡肉

江南的吃是一种文化，淮扬菜、杭帮菜、徽州菜，随意品尝一种，就能窥视到其中的瑰丽。南京板鸭、镇江米醋、无锡肉排、苏州豆腐干、湖州豆沙粽、嘉兴肉粽、杭州东坡肉、绍兴加饭酒、宁波芝麻汤圆、上海叫花鸡等等，不胜枚举。还有阳澄湖大闸蟹、黄岩蜜橘、无锡水蜜桃、萧山杨梅、杭州藕粉、歙县枇杷、黟县桃等等，更是名目繁多。

江南的特产有冠绝天下的名气。古来就有“苏湖熟，天下足”之说，湖笔、徽墨、歙砚、龙泉剑、苏杭丝织品、苏绣、桃花坞年画、宜兴紫砂壶、惠山泥塑、东阳木雕、苏式家具等，都是江南人民勤劳和智慧的结晶。

惠山泥人
产于江苏无锡惠山，泥人作品构思巧妙、做工精细。

同里的布老虎
农历五月端午，民间盛行给儿童做布老虎，寓意健康、强壮。

江苏桃花坞“和气吉祥”年画

苏州著名的民间木版画，与天津杨柳青年画齐名。身着绣花衣的童子，胸佩银锁，喜气洋洋地展示“和气吉祥”横幅，祝福新的一年和乐、吉祥。

苏绣

发源地在苏州吴县，历史悠久，属于“中国四大名绣”之一。绣工精致、活泼，图案秀丽，其仿画绣、写真绣天下闻名。

歙砚

中国四大名砚之一。砚的材质细密，纹理明晰，有涩不留笔、滑不拒墨的特点。

黄花梨木圆后背交椅（明）

最早发源于明代苏州地区。其造型轻巧、用料讲究、结构合理，有浓浓的文人气息。

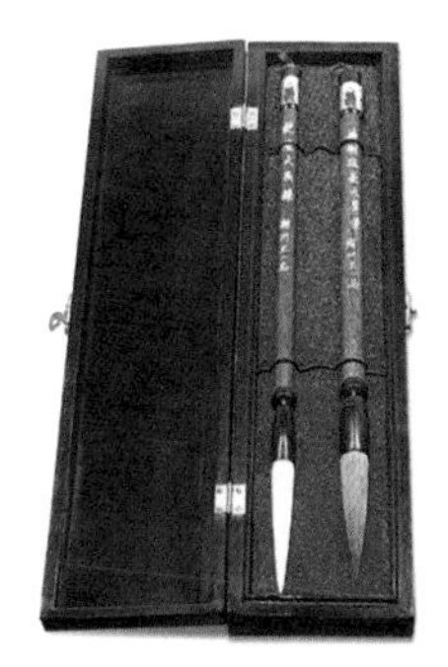

湖笔

产自浙江湖州，制作工艺复杂而精细，讲究锋颖。

黄杨木雕“刘海戏金蟾”摆件（清）

产于浙江东阳，是中国最优秀的民间工艺之一。其选材精良、色泽淡雅、层次丰富、雕刻技艺高超。

江西婺源长滩
金黄的油菜花与江南的黛瓦重檐相映成趣。

苏州网师园

网师园是江南小型古典园林的代表，为典型的宅府园林，始建于南宋，造园布局紧凑、精巧，文化内涵丰富、典雅。江南的古典园林引发诸多文人情怀，江南特有的民俗、戏曲、文学、工艺等文化门类皆可以在园林中得以很好地展示，园林成为一座平台，让这些文化遗产熠熠生辉。

江南的山水、乡村、都市、要津、风俗、饮食、民居、园林、特产、工艺、戏曲、文学等，展现出的是原始的生态、多姿的形态和豪迈的情态，宛若浑然天成，可随心入画。江南是镶嵌在中国大地上的一块神采飞扬的宝石，放射出夺目的光泽。江南处处摇曳着盎然生机，引领着锦绣河山最美的潮流，焕发着大自然造物主和中华民族蓬勃的创造力。

古乐府民歌《江南曲·江南可采莲》：“江南可采莲，莲叶何田田！鱼戏莲叶间。鱼戏莲叶东，鱼戏莲叶西，鱼戏莲叶南，鱼戏莲叶北。”

昆曲：昆山昆曲是我国最古老的剧种之一，被称为“百戏之祖”，以竹笛伴奏为主，辅以笙、箫、唢呐、三弦、琵琶等乐器。昆曲的唱腔婉转、细腻，抒情性强，吟唱与舞蹈的身段结合得巧妙而优美。2001年，昆曲被联合国命名为“人类口述遗产和非物质遗产”。

苏州评弹：苏州评话和弹词的总称，产生流行于江浙沪一带，历二百余年而不衰。

小链接

《群英会》京剧人物画谱（清代）

徽州徽剧起于明代，各地民众在祭祀、婚丧喜庆之际，常常聚众演戏。到清中期，由于徽商推动，“四大徽班”进京，以至占据北京戏曲舞台百年之久。后来徽剧的二黄调与汉剧的西皮调结合产生京剧，并流传至今。

羲之頓首快雪時晴佳想
安善未果為結力不次王
羲之頓首
山陰張侯

王羲之《快雪时晴帖》（东晋）

《快雪时晴帖》是一封书札，记载了作者大雪初晴时的心情及对亲人的问候。此帖乃行书，字体如行云流水般秀美，笔法雍容古雅，圆浑妍媚。元代赵孟頫曾称此帖为“天下第一法书”。

“江南好，风景旧曾谙。日出江花红胜火，春来江水绿如蓝，能不忆江南？”

好山有好水，好地出好茶。江南的秀丽、丰饶、灵动，孕育出与众不同的名茶，积累了丰厚博大的茶文化。

仇英《竹院品古》（人物故事图）之一（明代）
此画用工笔重彩的手法，描绘了宋代江南竹庭中，文人品评古玩、字画，以及品茗、博弈的情景。笔触细腻，格调清逸。

江南园林中的假山、竹林。

花鸟围屏、山水围屏。

宋代文人端坐于湘妃竹椅上，正鉴赏古画册页。

围屏后的小童正生炉烹茶。

茶杯、盏托：宋代人饮茶所用。

水壶：煮水用来点茶的器皿。

茶炉：取火煮水用器。

水盂：盛接废弃茶水的器皿。

第二章

问茶图

何处尝春茗

江南山峦涌翠，湿润宜人，是上等的宜茶之地。诸多历史悠久、闻名于世的名茶均产于此，名茶典故更为江南增添了浪漫情怀。

中国是茶的原产地，江南是茶山最多的地方。

江南茶区有多种说法。按“大江南”的说法，江南北起长江，南至南岭，东邻东海，西接云贵高原。这里只说“小江南”：“杭嘉湖”平原，水系纵横，是有名的“江南水乡”；老徽州“一府六县”，有世界自然与文化双遗产地的黄山茶区。在中国产茶三大山脉——武夷山脉、黄山山脉、天目山脉中，小江南茶区三分天下有其二。

小江南属中亚热带、南北热带季风气候区，四季分明，春夏多雨，湿润宜人。年均气温16℃左右，无霜期约250天，年降雨量1400毫米以上，土壤有红壤、黄壤、山地黄棕壤和灰化土等，有机质含量高，通透性好。植被为落叶和常绿阔叶林混生，这里是上等的宜茶之地。

江南茶山历史悠久，江苏的君山、虎丘山、紫金山、栖霞山，浙江的天目山、顾渚山，安徽的牯牛降、老竹岭等，早在唐代就产茶，名传天下。江南茶山景色美，安徽的黄山、九华山、松萝山，浙江的天台山、普陀山、雁荡山，江苏的洞庭山，无不秀美怡人、人文色彩浓郁，是闻名遐迩的旅游胜地。江南茶山最动人，参天大树、修竹茂林，簇拥着茶园，春来万紫千红，夏日满山叠翠。

江南茶山座座风光迷人，处处卓尔不凡。

杭州西湖龙井的产地是狮峰山、梅家坞、翁家山、云栖、虎跑、灵隐等地，茶园密布、云雾缭绕。这里气候温和年平均温度16℃，年降水量1500毫米左右。尤其春季，蒙蒙细雨，小溪流淌，土壤深厚，最宜龙井品种生长。

黄山太平湖畔，猴岗、猴坑一带，依山凭水，湖光山色，交相辉映。猴坑的红椿坞、黄桶坞、黄梅塔、九龙岗、狮形头，猴岗的凤凰尖、板山培、新桩棵、胡家垄等地，生态环境得天独厚。

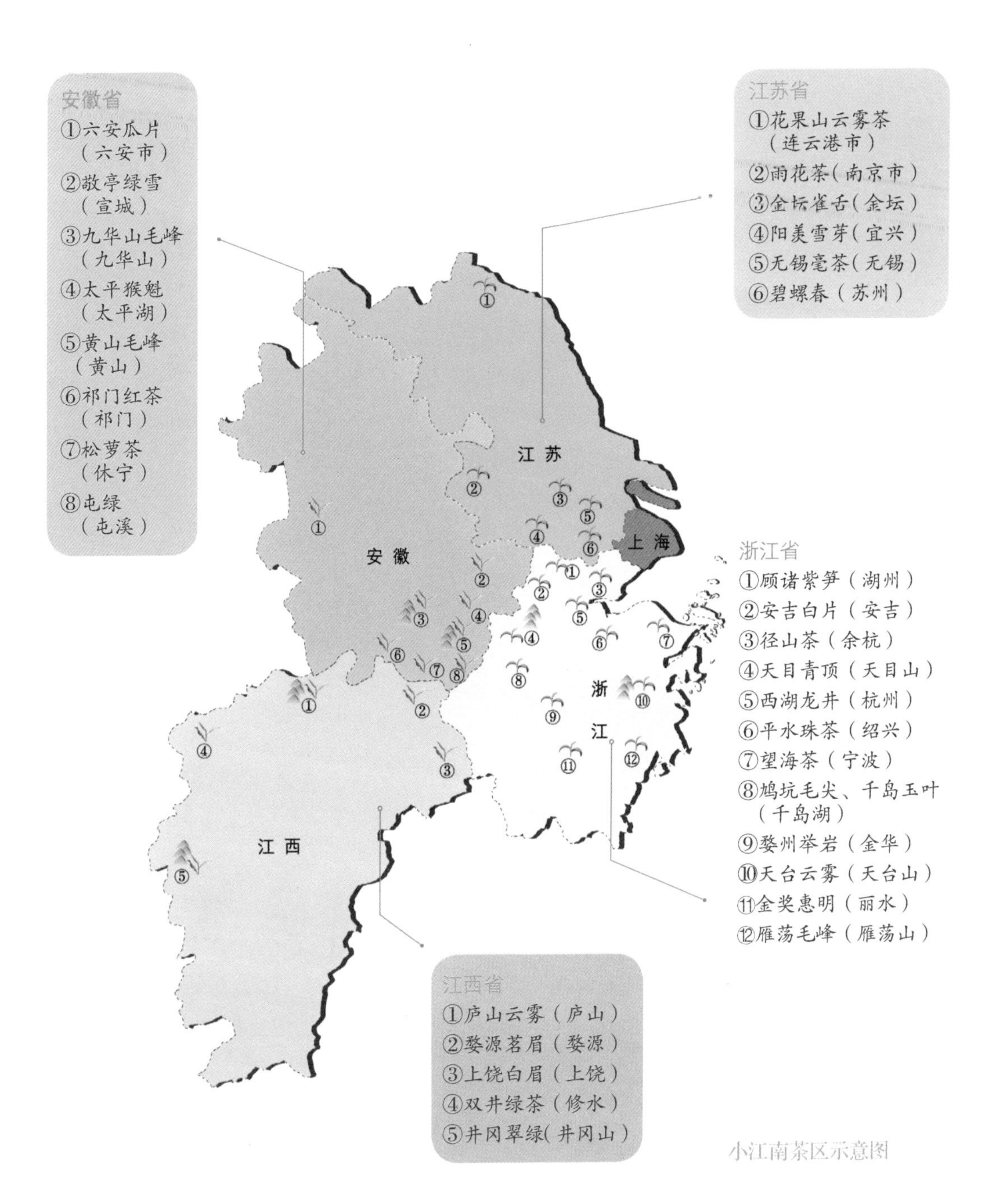
安徽省
①六安瓜片（六安市）
②敬亭绿雪（宣城）
③九华山毛峰（九华山）
④太平猴魁（太平湖）
⑤黄山毛峰（黄山）
⑥祁门红茶（祁门）
⑦松萝茶（休宁）
⑧屯绿（屯溪）
江苏省
①花果山云雾茶（连云港市）
②雨花茶（南京市）
③金坛雀舌（金坛）
④阳羡雪芽（宜兴）
⑤无锡毫茶（无锡）
⑥碧螺春（苏州）
浙江省
①顾诸紫笋（湖州）
②安吉白片（安吉）
③径山茶（余杭）
④天目青顶（天目山）
⑤西湖龙井（杭州）
⑥平水珠茶（绍兴）
⑦望海茶（宁波）
⑧鸠坑毛尖、千岛玉叶（千岛湖）
⑨婺州举岩（金华）
⑩天台云雾（天台山）
⑪金奖惠明（丽水）
⑫雁荡毛峰（雁荡山）
江西省
①庐山云雾（庐山）
②婺源茗眉（婺源）
③上饶白眉（上饶）
④双井绿茶（修水）
⑤井冈翠绿（井冈山）
江苏
上海
安徽
浙江
江西

小江南茶区示意图

西湖龙井茶园

年均温度15℃上下，年降水量1800毫米左右，土壤多为乌沙土，通气透水，所产太平猴魁，闻名天下。

惠明茶产地在浙江景宁县赤木山，其中以惠明寺及漈头村为主要产地，明代人严用光描述这里："古柏老松何足数，山中茶树殊超伦。神僧种子忘年代，灵根妙蕴先天春。栖真庵接惠明寺，脂柯肉叶无纤尘。滋云蓄雾灌泉液，嫩芽初出含清真。寒食清明都过了，采焙谷雨趁芳辰。"山上林木葱茏，云山雾海，尤其春秋朝夕，立于山巅远眺，但见山下烟霞茫茫，经久不散。土壤以酸性沙质黄壤土和香灰土为主，土质肥沃，雨量充沛，自然条件十分优越，是惠明茶的良好生长基地。

浙西径山在余杭、临安交界处，山上有凌霄、堆珠、鹏博、宴坐、御爱五大山峰，群峰环抱，云罩雾浓，土壤肥，土层厚，茶树就分布在这些峡谷的山坡中。这里常年日照不到1800小时，年降雨量1700毫米左右，为径山茶品质形成奠定特殊的物质基

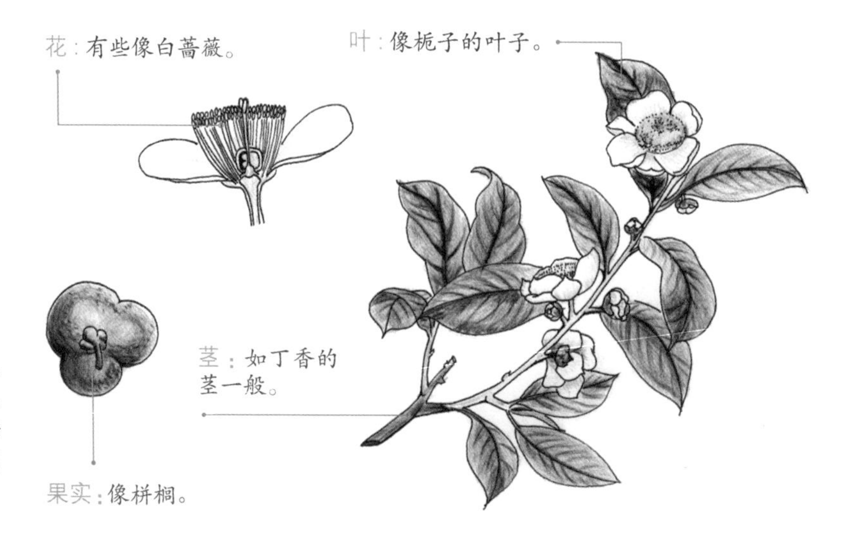

茶叶植物形态示意图
茶树是由根、叶、茎、花、果实等不同的器官组成。陆羽在《茶经》中根据其形态分别形容为不同的植物。

础。清人金虞在《径山采茶歌》中赞道："天子未尝阳羡茶，百草不敢先开花。不如双径回清绝，天然味色留烟霞。"

浙江径山茶园

浙江雁荡山的龙湫背、斗蟀室洞，以及雁湖岗等高山产雁荡毛峰，其中以龙湫背所产为佳。这里是南北走向，北面有高山屏障，土层深厚肥沃，茶树终年承受云雾滋润，芽肥叶壮；还有一些茶树生长在悬崖间。安徽宣城敬亭山属黄山余脉，风景幽雅秀丽，山高近三百米，两峰耸立，悬崖峭壁，云雾缭绕，气候温润，泉水长流，土层深厚肥沃，芳草遍地，百花吐香，敬亭绿雪生长其间。

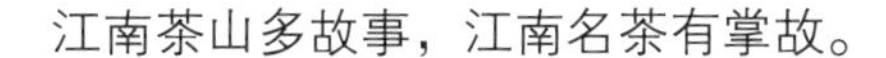
江南茶山多故事，江南名茶有掌故。

黄山毛峰产自安徽。"黄山有云雾茶，产高山绝顶，烟云荡漾，雾露滋培。"黄山素以奇松、怪石、温泉、云海、冬雪闻名于世，"五岳归来不看山，黄山归来不看岳"。山境内的桃花峰、紫云峰、云谷寺、松谷庵、吊桥庵、慈光阁一带为特级毛峰主产地；周边的黄山余脉也是黄山毛峰的重要产区。

黄山茶有雾气结顶现象，民间曾有动人传说：明代天启年间，黄山脚下的黟县县令熊启元有一天到黄山云谷寺游玩，长老捧出云雾茶待客。这茶状如雀舌，绿身白芽，叶抱芽紧。开水冲下去，旋即浮起一股白烟，似白莲徐徐上升，至杯顶结成一团云雾，云雾散开，幽香四溢，满室如春。熊县令连连赞叹："深山神茶，世间罕见！"长老道："不瞒大人所说，此乃大名鼎鼎的黄山云雾茶，茶树长在高山之巅，终年浸泡在云雾里，沾满了仙气，泡来才显灵呀。"说罢，长老取出一包，对熊知县说："你我有缘，特备一包权作礼茶，敬请笑纳。"

熊县令回到县衙，恰逢邻县县令来访。他十分高兴，急忙叫人拿出黄山云雾茶待客，并详细介绍了云雾显灵的过程。奇茶奇

黄山风光

景使得邻县县令惊诧不已，他眉头一皱，问道："老兄，这徽州神茶，你我分享如何？"熊县令笑道："当然，当然，见面分一半嘛。"邻县县令大喜，当即收起云雾茶，匆匆告辞。

谁知这邻县县令乃是官痞小人，他得到云雾茶后立即策马进京，目的是以云雾茶邀功请赏，讨好皇上。孰料天不遂人意，他在金銮殿试了半天，那云雾茶竟无半点云雾显现。皇帝龙颜大怒，喝道："何来云雾显灵？小小县令，竟敢欺君。"此时的县令脸色煞白，扑通跪下，说道："启奏万岁，此茶乃黟县熊县令所献，并不干小人之事，请万岁传熊县令进京便知分晓。"

熊县令接旨，日行夜驰，来到金銮殿上。皇上道："熊县令你知罪吗？说什么黄山云雾茶能生神像，气结灵光，哪有此事？居然还来进贡，真是胆大包天。"熊县令听罢，从容奏道："启禀万岁，黄山云雾乃名山名茶，质清气高，非浊流所能伺候，只有那圣洁之泉，才配得上与它为泡，反之决不会生出奇景。"皇帝问道："你说的圣洁之泉哪里有哇？"熊知县道："这圣洁之泉即是黄山之泉，只有黄山山泉才能泡开黄山云雾茶。"皇帝道："既然如此，朕命你快去取那黄山泉水进京。"熊县令日夜兼程，不出半月，再次来到金銮殿上，当着百官之面，生火烧水洗壶投茶，再次当场验泡。只见那圣泉冲下，云雾顿起，先是热气绕杯旋升，随即白雾收拢，凝成菇状，扶摇而上，须臾便满殿皆香。所有的人仿佛都被这香气浸泡沐浴，个个神清气爽。皇上心旷神怡，喜笑颜开，朗声道："熊县令，这黄山云雾果然好茶，念你贡茶有功，朕加封你官职如何？"熊知县奏道："谢皇上恩典，此茶乃徽州特产，为徽州茶农所植，皇上真要嘉奖，就豁免茶农三年赋税吧。"皇上当场应允。

从此黄山云雾不胫而走，盛名远播。徽州茶农为感谢这位以身试茶的熊县令，家家都学着他，在厅堂供茶供壶，日日顶礼膜拜。

黄山大叶种

山水人物图木雕

松石下的县令正拱手向一位僧人作揖，打坐着的僧人将手中的一杯茶递给他。黄山毛峰的美丽传说被艺术化地体现出来。

碧螺春产自江苏。江苏太湖的洞庭山分东、西二山，这里茶园与果树文错布局，枝桠相连，根系相通，茶吸果香，形成碧螺春花香果味的天然品质。古来碧螺山上有位碧螺姑娘，姑娘爱上打 渔的小伙阿祥，二人商定在秋天结婚。阿祥想送碧螺一件珍贵的礼物，听说洞庭湖底有颗很大的珍珠，便带着鱼叉潜入湖底，在最深处找到那颗珍珠。他带着珠子刚刚浮出水面，一条恶龙追来，说珍珠是它的，要阿祥还给它。得到珍珠后，恶龙又说碧螺也是它的，并扬言马上就去抢亲。阿祥忍无可忍，与恶龙展开大战，搏斗了七天七夜，从湖里一直打到山上。结果，恶龙死了，阿祥也倒在血泊中。

黄山灯笼峰

碧螺将阿祥救回家中，自己每天上山采药，并给阿祥敷治，但阿祥的伤势总不见好转。一天，碧螺不小心被茶树划伤，鲜血流到茶枝上，次日那枝头居然长出鲜嫩茶芽。碧螺采回家，泡水给阿祥喝，阿祥的病情立刻见好。然而茶芽用完了，于是碧螺割破胸口，用鲜血培出嫩芽。阿祥得救了，但是碧螺也支持不住了，倒在阿祥的怀里，闭上了眼睛。

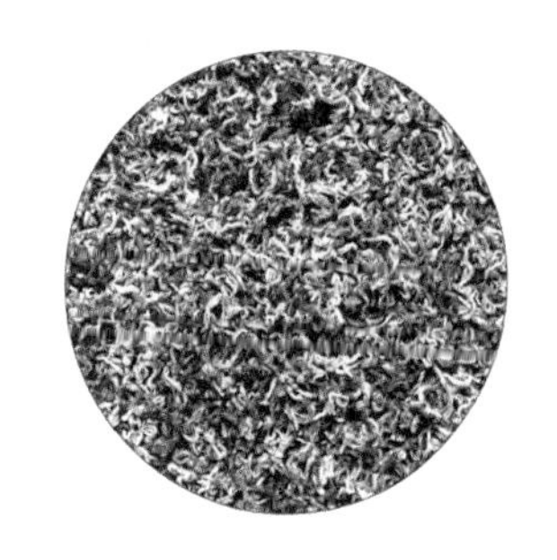

碧螺春茶样

阿祥十分伤心，把碧螺埋在茶树下，第二年春天，神奇茶树又发出嫩绿茶芽，用茶芽制出的茶特别清香可口，饮后令人终身难忘。为纪念碧螺姑娘，人们就将茶叶取名为“碧螺春”。

松萝出自安徽。松萝山在休宁县北，这里北望黄山，南看白岳，形势独胜。“双峡中分一径通，宝坊遥隔片云东。四时山色涵空翠，万折泉声泻断虹。清爱竹利穿冻雪，静闻松子落香风。登高两屐吾方健，携手无因得赞公。”这是明人程敏政吟咏松萝山的诗句，足见此地生态环境非同一般，所孕育出的松萝茶具有独特品质，明代就有“奇味薏米酒，绝顶松萝茶”的赞语。

在松萝山流传着一个“猴摘松萝”的故事。明代有位天下闻名的茶师韦焕友，一日来到松萝山，要求寺僧带他去看深山松萝茶。他们来到一座悬崖前，寺僧指着峭壁上的几株古松说：“那就是。”焕友抬眼望去，只见古松枝干遒劲，针叶如铁，冠盖如伞，

碧螺春的间作茶园

（左）与柑橘、杨梅间作

（中）与枇杷间作

（右）与银杏间作

母子猴戏图木雕
图中母猴坐于地上，小猴伏于母猴肩上，尽显动物间的天伦之乐。猴子灵活，猴采神茶颇为有趣，松萝茶的传说也与猴结了缘。

但并无茶的踪影。寺僧解释道："茶长在松桠上，是鸟雀衔籽坠落在松桠上长成的。"焕友说："这不就是野茶吗？"寺僧说："正是，天降神茶，全是天意。"焕友又问："这茶怎么采摘呢？"寺僧并不答话，只见他上前一步，举起手中木杖，朝一根老藤磕了几下，嘴里念道："老友何在？"转眼间，只听得一阵风响，须臾峭壁上的松树便哗哗抖动，突然间几只巨大猿猴从林中窜出，攀援跳越后，栖息在一棵松桠上朝寺僧望着。寺僧从怀中摸出几颗野果向猿猴抛去，猿猴接住，津津有味地咀嚼，吃完后便跃入茂密的松针中，只听得一阵哗啦啦响声，不一会便有叶状东西飘然而下。焕友俯身捡起，果真是茶叶。其色泽碧绿，叶片肥厚，芽嫩如苞，是十分上等的好茶。焕友叹服，连声道："真是神茶、仙茶。"转而又问："何以叫松萝茶呢？"寺僧道："《诗经》上说'茑与女萝，施于松柏'，这女萝不就是松萝吗？所以李时珍在《本草纲目》中就说'女萝为松萝'。我等所在的山也叫松萝山了。"焕友恍然大悟。

祁门红茶产自安徽。安徽祁门牯牛降为祁红原产地，这里地处皖赣边陲，是国家级自然保护区，所产祁红茶因香气奇绝，似蜜不是蜜，似兰不是兰，似果不是果，干脆称为"祁门香"，驰名中外。

松萝茶茶样

说起祁门香的由来，相传与李鸿章有关。五口通商后，李鸿章一日收到洋人的礼物，据说是英国红茶，喝后觉得味道不错。他转而一想，自己当年在祁门打太平军时，那里不就出产红茶吗，想必味道不会比这老外红茶差吧？念头萌发，他当即要来祁门红茶，泡开一喝，果然味道非同一般，无论外形还是汤色，均比这英国红茶略胜一筹。李鸿章十分高兴，心头一亮：祁门地处深山，森林茂密，雨量充沛，加上做工精细，何不用祁红跟洋人红茶比

祁门红茶茶样

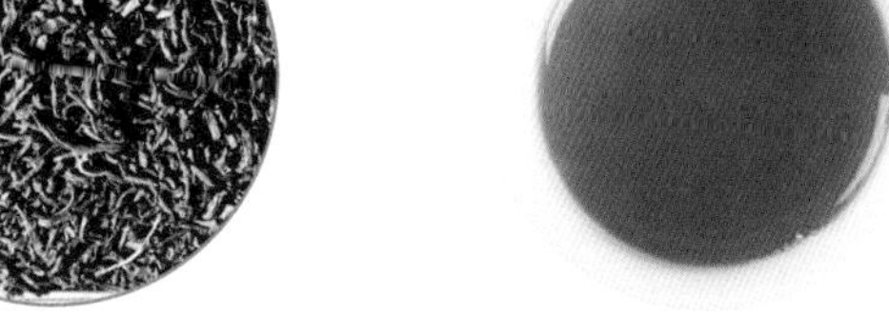

祁门红茶茶汤

试比试。第二天他便约上洋人，当场斗茶。不等茶汤冷却，洋人就迫不及待啜了一口，微甜茶汤入口，整个人一下子也跟着爽朗起来。洋人惊奇，再看那茶汤，红如玛瑙，金圈外罩，与英国红茶真有着天壤之别。看到洋人呆了，李鸿章异常高兴，当即下令，送十罐给英国使臣，叫洋人尝尝我们大中华的祁门红茶。

英国使臣回国不久，李鸿章便收到一封信，信上说想不到中国的祁门红茶味道如此绝妙，真乃天降琼浆玉液，特别是那回肠

浙江宁波茶园

顾渚紫笋茶园

荡气的奇特香味，真是无法描绘，似苹果香，又带兰花香，怎么也难以确切地将其归属于哪一种具体门类的香气，我们干脆称它为“祁门香”，不知阁下意见如何？

“祁门香？好，就叫祁门香！”李鸿章看罢信件，抚掌大笑。“祁门香”之名从此传开。

还有浙江长兴的顾渚山，坐落太湖西岸，“树荫香作帐，花径落成堆”，是顾渚紫笋产地；安徽歙县昱岭关，境内多山，是老竹大方产区；浙江绍兴日铸山，峰峦叠嶂，苍松翠竹，是日铸茶产区；浙江余姚道士山，坐落瀑布岭山腰，竹木茂盛，是余姚瀑布茶产地；浙江安吉的山河、章村、溪龙等乡，树竹交荫，是安吉白片产地。类似名山太多，类似名茶也多，云里雾里的茶旗，迎风招展，遍布江南。

浙江的安吉白茶茶样

第三章

采茶季

春催茶自香

江南采茶是春天的舞，是活动的画，是天、地、人和谐的风景。

“二月山家谷雨天，半坡芳茗露华鲜。”春到江南茶园醒，家家户户采茶忙。

古代江南采茶，自由随意，不受规矩约束。唐代陆羽《茶经》载：“在二月、三月、四月之间……日有雨不采，晴有云不采。”

民间采茶多艰难。唐代皇甫冉《送陆鸿渐栖霞寺采茶》一诗写南京茶事：“采茶非采菉，远远上层崖。布叶春风暖，盈筐白日斜。旧知山寺路，时宿野人家。借问王孙草，何时泛碗花？”大意是说，采茶比采绿草难得多，远远爬上高高的山崖。遍布的芽叶让人感受到春风的暖意，茶筐装满已日头西斜。由于知道曾经的路径，便借住在野外茅棚人家。

古时官家采茶很有讲究，歌妓乐工到场，载歌载舞，场面极其热闹。唐代某年的春天，诗人刘禹锡与一位叫韩七的中丞官员前往顾渚山督茶，二人船队所经之处，溪畔的男女探身笆篱观看，水中鸳鸯受惊散开。什么地方才是人间仙境？在顾渚山采茶，那便是最令人向往的景象。刘禹锡为此专作茶诗：“溪中士女出笆篱，溪上鸳鸯避画旗。何处人间似仙境，春山携妓采茶时。”

明人采茶更为考究，要选山，要选时，还要分拣。浙江黄宗羲的《余姚瀑布茶》写道：“檐溜松风方扫尽，轻阴正是采茶天。相邀直上孤峰顶，出市都争谷雨前。两筥东西分梗叶，一灯儿女共团圆。炒青已到更阑后，犹试新分瀑布泉。”此诗展示了当时采茶景象：攀上峰顶，争采雨前茶；回家分拣，一家灯下忙；炒茶到三更，新茶先自尝。

“雷过溪山碧云暖，幽丛半吐旗枪短。银钗女儿相应歌，筐中摘得谁最多？归来清香犹在手，高品先将呈太守。”这是明代高启的茶诗。开篇是一派欢快，雨过山暖，茶丛吐露旗枪，茶姑对歌采茶，比赛谁采得多，真是其乐融融。然而笔锋一转，手上

草帽：用草、竹篾等物编成，采茶时，可为采茶人遮风、遮阳、挡雨。

篓：用竹编成，要通风透气，避免茶的鲜叶变质。采茶时可手提、背负或腰系。

采茶用草帽、竹篓

茶树形态、种植、采摘示意图

茶树一般分乔木型（大乔木、小乔木）、灌木型。

野生大茶树树冠较高大，人工茶树树冠较矮小。

茶的清香还在，好茶已给了太守。茶农之心酸，跃然而出。

清代张日熙一首《采茶歌》，堪称绝唱："江南愁思盈芳草，采茶歌里春光老。春自催归茶自香，筠篮无那红尘道。生小儿家龙井山，峰前峰后好烟鬟。清明寒食丝丝雨，素腕玲珑只自攀。东家采早新月白，西家采迟霉雨碧。迟早年来活计谙，嫩芽收向筠笼密。布裙红出俭梳妆，茶事将登蚕事忙。玉腕熏炉香茗洌，可怜不是采茶娘。"采茶娘辛苦采茶，山前山后，清明寒食，披星戴月，忙完茶事又忙蚕桑，但最后品茶的却不是自己。

有茶谚云："假忙

间作茶园：有些茶树可与其他树种间作，如碧螺春可与银杏、枇杷、柑橘等树种间作，可以茶吸果香，提高品质。

采茶：分掐采、提手采、双手采。采摘时要注意不可一手捋，要使茶芽完整。

佚名《古代茶园采茶图》
古时采茶季节多在春天，一般是在清明之后。分春茶(头茶)、夏茶(二茶)、秋茶（三茶），秋茶一般不采。

竹筐：采茶姑娘将背篓里的茶叶放入竹筐中，准备进行拣茶、晒茶、揉捻、烘茶、筛茶等工序。

水池：可以保证茶园的灌溉供应。

除夕夜，真忙摘茶叶”，意思是说，摘茶季节是江南人一年中最忙碌的时候。为迎接茶忙的到来，茶农一般在春节过后，便着手准备，少不了请竹匠对旧的茶篮、箩筐修修补补，再添置些新的，同时还要约请采茶工。

江南人采茶多在清明后，清明至立夏为头茶，称春茶；立夏之后为二茶，也称紫茶、夏茶；再后叫三茶，也叫秋茶、三暑。俗话说“卖儿卖女，不摘三暑”，意思是说为了培育茶棵，秋茶坚决不采。

清明谷雨到，最是忙时节。民间对采茶季形象的描绘是“吃饭不知味，走路不沾地”，起三更摸半夜，男女老少齐上阵，风雨无阻。男人是做茶一族，老人是守家一族，爬山越岭则是妇女一族，

梅家坞茶园

采茶

“时节刚逢桃菜好，女儿多见采茶忙”，像苏州女会绣花，渔家女会摇橹一样，江南茶区的妇女必定个个会采茶，早上空篮出门，晚上荷担而归，天晴一顶草帽，下雨一袭雨衣。她们身上还带着茶凳，茶凳构造很独特，一块板下安一只腿，一个丁字形，往地下一插，便能坐定。上得山来，选定茶棵，先摇一下茶丛，为的是抖落蛛网尘埃，甚至有时还能抖落“长虫”（蛇），然后开采。

采茶讲究眼明手快，一个采茶能手一天采茶少则几十斤，多则上百斤。采得多、采得好的茶姑，通常被称为采茶快手。看茶姑采茶简直是种享受，双手起落快如风，茶叶在她们的手下翻飞。她们采茶眼观六路，手采八方，如歌如舞。经她们采过的茶棵，该采的采，该留的留，来时一片亮绿，走时一片乌褐，这种茶棵通常被作为新手的范本。

江南采茶女的队伍非常庞大，家家户户皆有女子可以采茶。

每到采茶时节，江南茶区几乎家家人去屋空。采茶女大都在茶山上：开园、收棵、新枝、老皮，茶山踏满她们的脚印，纤秀的身影映印在茶园中。一季茶叶下来，茶汁会将她们的手指染得乌黑，即使用肥皂也无法洗掉，黑色越深，说明采的茶越多。从古至今，茶区历来有对于女性的评价标准，就是“下田栽得秧，上山采得茶”。农家若要娶媳妇也以此为准，把“能采茶”作为婚嫁的首选条件。

采茶队伍的特殊构成是外来采茶工。由于许多茶区茶多人少，每到茶季，茶园主人都要雇请一些外来采茶工，这些茶工多以采茶女为多，她们通常被称之为“茶叶婆”、“茶叶客”。当布谷鸟鸣叫，万物开始复苏之时，茶叶客就像候鸟一样飞来了，三五一群，七八成队，飞遍江南原野，飞进茶家农户。陌生面孔，陌生语言，陌生笑声，打破了茶乡的宁静，平添了新鲜的色彩，营造出江南

采茶曲（清）

黄炳

正月采茶未有茶，村姑一队颜如花。
秋千戏罢买春酒，醉倒胡麻抱琵琶。
二月采茶茶叶尖，未堪劳动玉纤纤。
东风骀荡春如海，怕有余寒不卷帘。
三月采茶茶叶香，清明过了雨前忙。
大姑小姑入山去，不怕山高村路长。
四月采茶茶色深，色深味厚耐思寻。
千枝万叶都同样，难得个人不变心。
五月采茶茶叶新，新茶还不及头春。
后茶哪比前茶好，买茶须问采茶人。
六月采茶茶叶粗，采茶大费拣工夫。
问他浓淡茶中味，可似檀郎心事无。
七月采茶茶二春，秋风时节负芳辰。
采茶争似饮茶易，莫忘采茶人苦辛。
八月采茶茶味淡，每于淡处见真情。
浓时领取淡中趣，始识侬心如许清。
九月采茶茶叶疏，眼前风景忆当初。
秋娘莫便伤憔悴，多少春花总不如。
十月采茶茶更稀，老茶每与嫩茶肥。
织缣不如织素好，检点女儿箱内衣。
冬月采茶茶叶凋，朔风昨夜又前朝。
为谁早起采茶去，负却兰房寒月宵。
腊月采茶茶半枯，谁言茶有傲霜株。
采茶尚识来时路，何况春风无岁无。

茶季一道亮丽的风景。

采茶队伍还有另一独特成分，这就是“童子军”。“童子军”队伍中多半是女孩，有时也间杂有男孩。茶区女孩打从七八岁扎着黄毛小辫起，就要手挎小竹篮，腰系小围兜，跟着大人上山采茶。俗话说“摘茶拔草，不分大小”，这时候哪怕功课再忙，学校也得放假，这种假叫“茶假”。茶假通常是半个月，小县城也不例外，少数乡村也许还要再长些。学生采茶既体验劳动的艰辛，更是业茶的启蒙。

每年时逢采茶季之时，许多人都为了一两个采工名额而四处托人找关系。许多学生也利用暑假采茶来挣零花钱。七月骄阳似火，采茶“童子军”们每天早早起床，准备当天的中饭。20 世纪 70 年代左右的生活条件并不好，所谓中饭也就是一碗米饭，外加一份咸菜和一份蔬菜而已。出门是长衣长裤外加草帽，全副武装。为不让“童子军”们淋雨，他们的父母大多专门买了雨衣和斗笠。即便是晴天，雨具还是要带的，因为夏季随时都有暴风雨。

“童子军”们的第一次采摘往往伴着新鲜与辛苦。他们在采茶时显得特别兴奋、新鲜和好奇，恨不得立马下手采摘，跟着带山工上山，遇到茶棵手就不自觉地采起来。遭到带山工呵斥，他们只好非常不情愿地收回发痒的手，终于等到带山工分给他们茶棵时，整个身体都迫不及待地扑到茶棵上。但一芽二叶的标准使得他们怎么也快不起来。当他们看到其他采工都是双手飞舞时，心里也想着如何赶超他们。于是“童子军”们也加入了双手飞舞的行列。如此采法，与其说是“采茶”，不如说是“抓茶”，速度是快，斤两也增，可老叶老梗也随之增多，同时双手也抓出许多裂纹。然而紧张和兴奋，使他们暂时忘记了烈日暴晒，忘记了双手疼痛、毒虫叮咬。直至下山后，他们才感觉到自己的脸已晒得通红，双手也被茶汁染成乌黑，僵硬疼痛。

为了在“过秤”时不降级，“童子军”们往往趁排队空隙翻拣鲜叶中的老叶老梗。轮到他们过秤时，篮中鲜叶已是翻拣得底朝天。过秤师傅对“童子军”们的检查格外仔细：双手抄底，上下翻遍，还好只是偶尔发现一二片老叶。过秤师傅顺手将老叶拣出来，叫他们下次注意。终于度过了第一天的采茶关，也终于有了“童子军”们第一次劳动成果的记录。最终，在坚持了十来天

江西婺源茶园

采茶姑娘

采茶竹筐

后，由于太辛苦而无法继续干下去了。这样艰苦的经历，在长大后的“童子军”们的心里留下了永久的记忆，以至于多年后的今天，仍然回味无穷。

20 世纪七八十年代，生活在茶乡的居民，都把采茶、拣茶当成主要职业。每年进入五月，茶叶生长高峰，便是采茶工最忙碌的时节。当时县城茶园的职工主要给茶棵锄锄草、施施肥、剪剪枝，一到采茶旺季，每天的任务就是带领采工上山采茶。

茶园规定茶棵不许乱采，要由职工统一分配。一个带山工要负责管理 10 至 20 个不等的采茶工。从上山分配茶棵，到下山对采工采摘茶棵的验收，即茶棵嫩叶采尽才算合格。因为茶山有阴面阳面，有山顶山脚，茶棵就有长得好和长得差的差别。但分配采茶区域却是茶园职工统一调配的。从朝起直至太阳下山，采茶女们才结束一天的劳动，背着大袋小袋、大篮小篮的鲜叶下山。

如今乡村采茶，基本以家庭为单位。凌晨起床，盥洗毕，早餐就，一家三五口便踏着晨雾上山。山路长长，通常要走三五里，远的甚至数十里。到茶山已是太阳高挂，他们放下包袱、饭袋，草草喝上几口水，一天采摘便开始了。选定的山，他们要在一天之内采完，躲不得阴，躲不得雨，躲不得太阳，只是一个劲玩命地采，无声无语，无说无笑，若想开口，唯有与茶枝沟通，作心灵对话，抑或是研究鸟儿对语，或者自己扯嗓尖喊一声，打破山谷的静寂，作呼唤风来的发声。

根据茶叶的老、嫩不同，采茶技法大致分为掐采、提手采、双手采。如果遇到细嫩的茶芽，采茶女会单手相掐，动作标准为托顶、撩头等。但应用最多的当属提手采。如果茶园过大，采茶女数量又少时，可采用提高采茶效率的双手采。这种采法需要茶树的树冠平整，双手交错相采。

至于其他的采茶方法，如割采、采茶机采茶等，自是与茶的“亲

梅家坞村一角

和度”不够。一盏上好的香茗，定要是采茶女亲自手采摘。

“过秤”是采茶工的另一道关。把秤师傅实质是验收师傅，他在“过秤”的同时，还负责验收鲜叶质量。通常情况下，采摘要求是一芽二叶，到后期才允许一芽三四叶。但具体采摘时，采工为图快图多，均是双手采摘，甚至双手乱抓，真正能保证一芽二叶的不多，夹带老叶、老梗是常有的事。这样在“过秤”时，处罚轻的是退回去拣出老叶、老梗，重者鲜叶被降级，降级就意味着单价降低，工钱减少。

第四章

制茶家

春光需剪裁

好茶靠人做，靠人卖。江南茶的采摘季节多在春季，清明时节的采茶队伍蔚为壮观，江南老字号的茶号林立，历史悠久，是江南名茶最好的「输出站」。

裁剪春光是茶师

江南好茶靠地长，江南好茶靠人做。
春风春雷春雨过，千家万户做茶忙。

唐、宋两代做饼茶，饼茶如何做？顾况的《焙茶坞》云："新茶已上焙，旧架忧生醭。旋旋续新烟，呼儿劈寒木。"说的是做茶前要备两件事：一，茶棚要擦洗干净；二，木柴要劈成小块。顾况是唐代苏州海盐（今属浙江）人，茶诗说的是唐代江南茶事。

唐人皮日休的《茶舍》对湖州顾渚山做茶的场面有具体描写：在靠着山崖的茅屋里，几个人高高兴兴在制茶，有的汲水，有的蒸茶。一位老人将蒸煮后的茶叶捣碎，一位中年妇女把它做成饼茶。做好茶叶关门收工时，已是茶香月光满山映辉。诗这样写道："阳崖枕白屋，几口嬉嬉活。棚上汲红泉，焙前蒸紫蕨。乃翁研茗后，中妇拍茶歇。相向掩柴扉，清香满山月。"

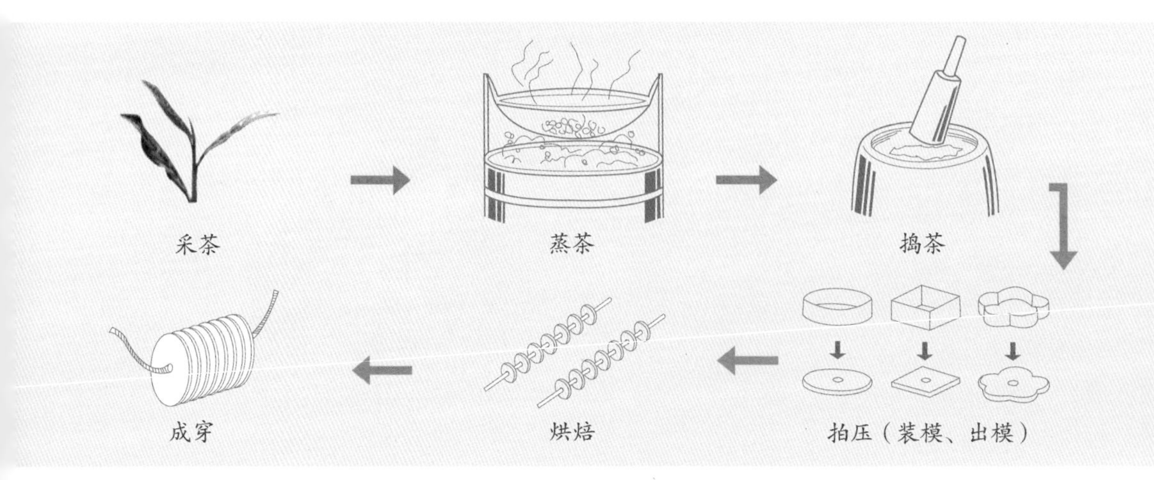

唐代饼茶制作流程

“茶圣”陆羽对于做茶说得更明白：“采之、蒸之、捣之、拍之、焙之、穿之、封之，茶之干矣”，并通过《茶经》将此江南茶法推而广之。

明代是制茶的变革时期，不再蒸，不再煮，不再压成饼。鲜叶直接下锅炒，炒过再揉，烘干则用，故叫“散茶”。散茶的代表是松萝，出产于徽州府休宁县，因其制法独特，堪称楷模，所以古籍中多有记载。如明代屠隆《茶笺》就有详尽描述：“茶初摘时，须拣去枝梗老叶，唯取嫩叶，又须去尖与柄，恐其易焦，此松萝法也。炒时须一人从旁扇之，以祛热气，否则色香味俱减。予所亲试，扇者色翠，不扇色黄。炒起出铛时，置大瓷盘中，乃须急扇，令热气消退。以手重揉之，再散入铛，文火炒干入焙。盖揉则津上浮，点时香味易出。”

《茶泉论》认为龙井也是从明代开始炒制的，“龙井山中仅一二家炒法甚精，近有山僧焙者亦妙。”但影响不及松萝。

松萝手法的要诀就是炒、揉、烘，简洁明快，不再有其他环节。这种手法沿袭至今，即使茶类丰富多样，但万变不离其宗，手法要诀依然可行。

唐代煎茶法工序

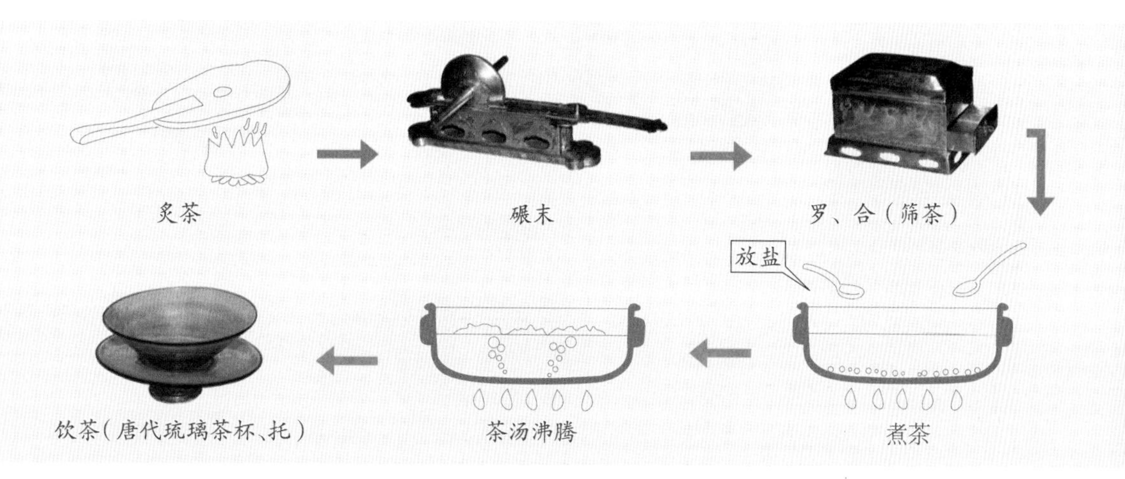

清代茶叶制作过程
19世纪 佚名

将采下的茶叶运来拣茶。

拣茶：剔除发黄、老叶、茶梗等杂物。

将拣好的茶叶送至晒场。

晒茶（萎凋）：将茶叶摊凉、蒸发，使茶叶变软，浓度加强。

揉捻：将茶叶捣碎，茶汁黏附叶表，受压而变得紧结。

发酵：可去掉茶叶的青涩味，使味道、颜色更好。

将发酵好的茶叶送至烘焙作坊。

炒茶（烘茶）：利用高温迅速蒸发茶叶中水分，保存所需色泽、味道、香气。

筛茶：将成茶（烘焙好的茶叶）筛去碎末。

摊凉

剔除茶中杂物：剔除茶梗、发黄的叶片、杂物等。

鲜叶都一样，做法各不同，茶师越做越细，名茶越做越多。时代发展，经验迭加。经过数十年甚至数百年的摸索总结、规范提高，如今各种名茶都有自己的独特工艺，尤其传统手工制茶更是备受推崇。试举江南几个领军名茶为例：

西湖龙井

西湖龙井产于浙江杭州西湖群山中，历时悠久，早在唐代陆羽《茶经》中就有记载："天竺、灵隐二寺产茶。"高级龙井色泽翠绿，外形扁平光滑，形似"碗钉"，汤色碧绿明亮，香馥如兰，滋味甘醇鲜美，享有"色绿、香郁、味醇、形美"四绝佳茗之誉。龙井共有狮（峰）、龙（井）、云（栖）、虎（跑）、梅（家坞）五个品类，以狮峰为上品，其中"明前茶"为上乘珍品。

西湖龙井茶样

其工艺为：鲜叶薄摊，散去水分和青草气，再分档炒制。高级龙井全凭手，抖、带、甩、挺、拓、扣、抓、压、磨、挤，号称"十大手法"，并不断变化。制作龙井时分青锅、回潮、烨锅三道工序，青锅是杀青和初步造形，七八成干起锅，摊凉回潮，再下锅整形炒干就是烨锅。

碧螺春

碧螺春产于江苏吴县太湖洞庭山，在清代时就名声显赫，据传为康熙皇帝改今名。其品质特点是条索纤细、卷曲成螺，满身披毫，银白隐翠，香气浓郁，滋味鲜醇甘美，汤色碧绿清澈，叶底嫩绿明亮，被当地茶农描述为："铜丝条，螺旋形，浑身毛，花香果味，鲜爽生津。"

碧螺春茶样

其工艺为：不做隔日鲜叶，做时拣剔鲜叶，再杀青、揉捻、搓团显毫、烘干。杀青以抖为主，双手要捞净、抖散、杀匀、杀透；揉捻采用边抖、边炒、边揉三种手法交替进行，手握茶叶松紧要适度，太松不成条，太紧茶汁跑；六七成干则降温搓团显毫，双手用力揉搓，成小团又不时抖散，到茸毫显露，八成干开烘；烘时轻搓轻炒以固形，九成干时摊在桑皮纸上，连纸放置锅上文火到足干。

黄山毛峰茶样

黄山毛峰

黄山毛峰创制于清光绪年间，前身为黄山云雾茶，主产于安徽黄山及山下周边地区。特级黄山毛峰形似雀舌，匀齐壮实，峰显毫露，色如象牙，鱼叶金黄，清香高长，汤色清澈，滋味鲜浓、醇厚，叶底嫩黄，肥壮成朵。其中金黄片和象牙色是两大明显特征。

其工艺为：鲜叶不过夜，具体有杀青、揉捻、烘焙三道工序。杀青用桶锅，单手炒，手要轻，炒要快，扬要高，撒得开，捞得净；杀青起锅，轻揉成条，揉速宜慢，压力宜轻，边揉边抖；烘焙有初烘和足烘之分，初烘火温要稳，叶要匀，动作轻。足烘先用文火，拣剔芜杂再复火，促进茶香透发，趁热装听储存。

太平猴魁茶样

太平猴魁

太平猴魁是安徽太平（今黄山市黄山区）特产，创制于清末。其外形两叶抱芽，平扁挺直，自然舒展，白毫隐伏，有“猴魁两头尖，不散不翘不卷边”之说。叶底苍绿匀润，叶脉绿中隐红，俗称“红丝线”。茶叶花香高爽，滋味甘醇，香味有独特“猴韵”，汤色清绿明净，叶底嫩绿明亮，叶底肥壮成朵。

猴魁的制作分杀青、毛烘、足烘、复焙四道工序。杀青烧木炭，翻炒要“带得轻、捞得净、抖得开”，并适当理条；毛烘用四口锅，温度从高到低排列，叶放烘顶，头烘轻轻拍扁，二烘轻轻压直，三烘捺成片，四烘至六七成干摊凉；足烘用棉垫边烘边捺，固定外形至九成干再摊放；复焙温火，边烘边翻，足干入听，冷却焊封口。

祁门红茶茶样

祁门红茶

祁门红茶创制于清光绪初年，主产于安徽祁门县，为世界三大高香茶之一。祁门红茶条索紧秀，锋苗好，色泽乌黑泛灰光，俗称“宝光”。其内质香气浓郁高长，似蜜糖香，又蕴藏兰花香，汤色红艳，滋味醇厚，回味隽永，叶底嫩软红亮。

祁门红茶的制作程序分初制和精制两大环节。初制有四道工序：萎凋、揉捻、发酵、烘干。萎凋是去掉鲜叶水分，薄摊和勤翻最重要；揉捻是使茶叶出汁，一般揉两次，首次不加压，二次间隔加压，揉后再筛分解块；发酵是关键，湿度要大，温度控在30℃以下，发酵时间春茶3～5小时，夏秋茶略少；烘干分毛火和足火，毛火用高温，至七分干摊凉，足火用低温，烘笼烘焙是形成高香的关键。精制有筛分、拣剔、补火、均堆四道工序。筛分是将毛茶过筛，粗细茶筛有十余种，最复杂，分为大茶间、下身间、尾子间三部，最终要使毛茶变成米粒大小，上等精茶甚至比米粒还小；拣剔是用人工拣剔茶叶中的梗茎乳花等杂物；补火是将茶叶盛入小布袋，每袋约5斤，置于竹笼烘烤，三五分钟提抖一次，烘至茶显灰白色为止;均堆也叫官堆，即将补火的各号茶拌和均匀，最后装箱。祁红制作因工序多而复杂，故叫“工夫红茶”。经数百年摸索与实践总结归纳出的祁门红茶制作要诀，是历代制茶师智慧和心血的结晶，也是珍贵的非物质文化遗产。

茶家竞风流

营茶、卖茶是茶家，是江南茶最佳的“输出站”。

做茶的叫茶号，以产茶丰富的徽州最多；卖茶的称茶庄，以市场广阔的上海、杭州、南京最多。从乡村到都市，从小贩到巨贾，卖茶人的汗水和心血都在茶叶上。

茶号兴于清代。其时市场需量激增，制茶手法创新，大宗的手工茶需要进行深加工，以使质量整齐划一。按业内说法叫“精制”，即将毛茶再加工成“精茶”，抑或叫“成品茶”。

茶号布局无定数，田园村庄、码头闹市，凡茶产丰富之地，茶号必定林立。

木筏：江南多以水路运茶，船、筏成为必不可少的运输工具。

大型竹篓：成茶装入尖筒型的大竹篓内待运。

运茶
江南制茶工场多将装载好的茶装入大的竹篓中，用木船、木筏等交通工具，沿水路，运至城镇中的各处茶号、茶庄。

徽州是茶号最多的地方，走进徽州，无论哪个村落，只需向年老长者问一声："以前村里有茶号吗？" 答案都是肯定的。茶号是集收购、加工、销售于一身的季节性营茶机构，套用当今时尚话，叫"产供销一条龙"。茶号内部分工很细，有掌号、账房、掌烘、看样、掌堂秤、管厂、箱司、铅司、拣司（发拣、收拣、收发竹筹）、水客、厨司等。老徽州祁门西路有座潘村祠堂，曾经开过"公义祥"茶号，至今祠堂墙上还有"监督、把秤、上钩、添减、内票、扛箱、顺箱、叫盖、外票、配盖"的字样，留现当年。

老茶号

茶号的茶工数依茶箱量而定，通常是做 200 ~ 250 箱茶，约需茶工 20 人。工资一般由包工头与茶号老板谈定，由包工头总领分付。民国期间，一个茶工做一季茶，工钱在 20 元上下。

茶号经营有二种，一种是独自经营，一种是合股经营。前者约占二成，后者约占八成。后者中，多数资金也不能全部自筹，不足的靠借贷，也有的用毛茶入股。如光绪二十三年（1897 年），

工人们把茶叶压入用铅密封的大木箱中，以便出口到海外。

账房先生正在算茶叶重量、数量。

外国茶商同茶庄老板洽谈。

茶叶的装箱外销

18 世纪时，欧洲诸多运茶商人抵达中国，将中国茶通过海路销往海外。其中，中国红茶最为欧洲人喜爱。

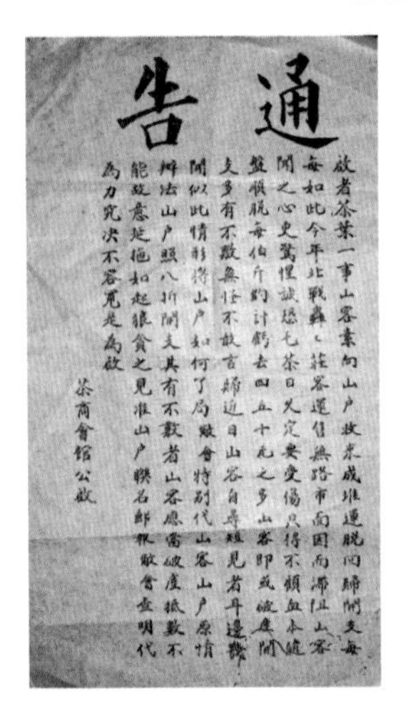

通告

茶商會館公啟

茶庄的茶通告

徽州屯溪开设有茶号 59 家，但世业殷实者不过五分之一，其余多属无本小贩，或以重息称贷，用沪上茶栈作本，或十人八人醵资合作共同经营。还有少数不正规的茶号，民间称为“烂官堆”。

徽州茶号多散布于乡间村野。道光二十二年（1842 年）《南京条约》签订，“五口通商”刺激了茶叶外贸的发展，茶号如雨后春笋，发展迅速。“未见屯溪面，十里闻茶香。踏进茶号门，神怡忘故乡。”这描绘了江南古镇屯溪茶号的景象。

屯溪早先是座小集镇，是新安江水滋润成的水路码头。到清代，受出口贸易增长的刺激，得地利之便，屯溪迅速发展为周边地区绿茶拼配的集散地，屯溪绿茶声名鹊起。同时期，祁门的红茶畅销，茶号也多。1933 年上海商检局调查：“屯溪绿茶之号，大者制茶八九千箱，小者亦有千箱上下……祁红茶号然去屯溪犹复不及甚远……”

茶号虽风光，但受外销市场千变万化的价格影响，风险也大，故有茶商心酸感叹：“茶叶两头尖，三年两年要发颠。”

如今在徽州的土地上，昔日风光的茶号难以再现，只有遗存的断壁残垣，仿佛吟唱着昨日的歌谣。然而岁月有情，历史记下他们流寓天下的脚步，光阴淘出其中杰出的茶家。

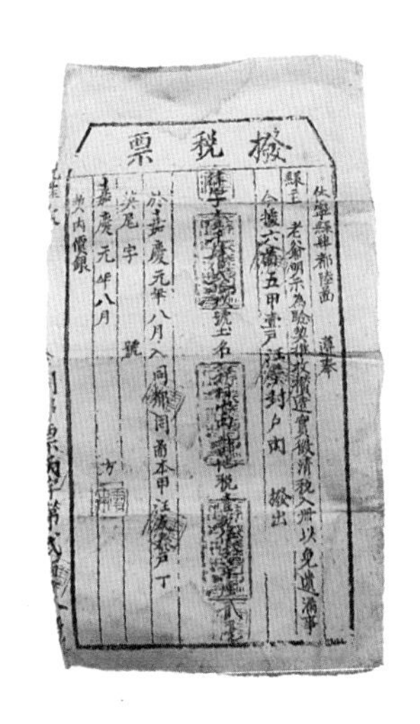

檢稅票

茶庄税票

胡适的高祖父曾在上海川沙县开设万和茶庄，民间流传“先有胡万和，后有川沙县”说法。

汪裕泰茶庄，绩溪人汪自新创办，仅上海的分销处就有七个；杭州西湖另有汪庄，耸立在西湖屏风山麓，又称汪庄别墅，为杭城四大名庄之一，遗址今为“西子宾馆”。歙县江村江氏家族三代业茶，茶号名先后用过“永盛怡记”、“张鼎盛”、“德裕隆”、“福生和”、“谦顺昌”、“谦泰恒”、“永义公”等十多个，茶叶经营量最多时达到 20 万斤以上。

吴裕泰茶庄，是徽州歙县昌溪吴氏家族于光绪年间在北京王府井创立，至今已是闻名全国的老字号，茶香依然在京城飘荡。

张一元茶庄，徽州歙县定潭人张文卿创办，位于北京前门外大栅栏，如今也是老字号，声望不减当年。

还有歙县昌溪的吴炽甫、岔口的吴荣寿，漕溪的谢正安，太平的王魁成，黟县的余伯陶，祁门的胡元龙，婺源的郑鉴源，均是徽州茶商中的巨贾，业绩曾分布在中国的大片土地上。

吴裕泰茶庄

城市为江南茶覆盖的方向，尤其长三角的都市，是江南茶风最为强劲的地方。

上海，江南茶叶云集，浓郁茶风吹遍大街小巷。当今徐汇区的漕溪路，是昔日徽州漕溪村茶庄留下的永恒纪念；汪裕泰茶庄，上海滩天字第一号茶庄，今日遗痕不绝；上海茶业会馆，是徽州茶界人士议事的场所，具有引领当时茶叶潮流的作用和风采。

杭州清河坊

翁隆盛茶莊

只此一家 並無分出

本號開設浙杭創自雍正迄今二百餘載自建五層洋房揀選獅峯龍井蓮心旗鎗武彝紅梅六安香片洞庭碧螺雲南普洱雙窨珠蘭三薰茉莉黃白菊花玫瑰玳玳門售批發定價劃一如蒙 賜顧請認明獅球商標庶不致誤

電話第一千一百十號

翁隆盛茶庄包装说明书

杭州，江南茶都，茶事丰富多彩。卖鱼桥和南星桥码头，曾经停泊着装满茶箱的大小驳船，满载江南茶香，运到黄浦江吴淞口，再运往世界各地。杭城内林立的茶庄、茶号、茶店，舞动着西湖的春风，演绎着都市的繁荣昌盛与市井风貌。

翁隆盛茶庄，江浙名店。创始人为翁跃庭，海宁人，早年在杭城梅登高桥开店，专卖龙井。太平天国后，翁跃庭迁到清河坊，盖起五层中西合璧大洋房，门联：“三前摘翠，陆卢经品”，门楣上的“狮球”为茶庄的注册商标，门里摆放着花梨家具，字画满壁。尤其是一张大茶台，精美豪华，令人称羡。翁隆盛茶庄收购认真，自行炒制龙井鲜叶，一丝不苟，装罐待售，杭城茶市以此为价。茶庄兴盛时还在上海南京路开有分店。

吴恒有茶店，开在杭城鼓楼外大街，清末吴恒有创办，以销售中、高档龙井为主，同时经营华北等大都市茶店的批发业务。传说店主外甥曾在店中学徒，后任杭州府台，指定要以此店茶为礼，吴家推出“官礼名茶”，生意大兴旺。

茂记茶庄，位于杭城官巷口附近，20 世纪初问世。老板高梦征曾在西湖狮子峰购买山场近 200 亩，将其辟为茶园，生产制作龙井销售，使茂记茶庄成为知名茶庄。

方正大茶号，1917 年建于杭城羊坝头，店主方冠三，除开展正常业务外，另做广州和香港的茶叶批发，并开展邮购业务，在同业中颇有声誉。

民初杭州吴元大龙井茶庄茶叶罐

民初杭州吴元大龙井茶庄包装盒

民初西湖龙井狮子峰茂记茶场包装说明

吴元大茶店，1919 年由徽州歙县人方祖寿开办，位于杭城望江门内，经营有中低档旗枪和茉莉、玉兰等花茶。首创茶叶邮包业务，生意范围涉及到辽宁、山东，以及津浦、胶济、陇海等铁路沿线各乡镇茶店。

鼎兴茶店，1927 年由吴裕一开办，位于杭城太平坊，初起得到翁隆盛茶号帮助，业务发展较快，以经营中下档旗枪茶为主，兼营桐乡杭白菊。此店实力雄厚者，在杭城内还开有公懋茶行，在唐栖有周德丰茶庄。

杭城中也有将茶叶放在南货店卖的，如民国初萧山西市凌家桥堍的敦大南货店，门口悬挂诸如“金腿名茶”之类招牌，除了售金华火腿外还同时兼营茶叶。好茶装在橱窗的锡罐里，次茶摆在门口的竹匾里，如此情景，那是江南茶风另一缕。

在六朝古都南京，20 世纪 40 年代，仅安徽太平人开设的茶店就不少于 50 家，有江南春、张元大、长春、和春、同春、苏同茂、姜同泰、森昌、仁泰、丁仪泰、大福春、同福春、同花、长春、苏南记、复泰、森泰、天祥、同兴、德生、春生、太平

民初吴元大龙井茶庄广告

西湖之滨断桥茶香

茶叶公司等名号，年销售茶叶两万余担。南京最著名的茶店是江南春、张元大、太平春和太平茶叶公司等，这些店大多为新明乡湘潭村、三门等地人所开，并专营太平茶叶。“三春”茶叶店，为清末民初太平茶店中的名家，是长春、和春、同春三店的总称。店主叶任安船工出身，常年往返于太平、芜湖、南京之间。同治三年（1864 年），他在南京里廊街开设叶长春号，生意不错，随后开设叶和春、叶同春店，雇工六七十人。至民国初，其资产达几十万银元，成为茶店大家。

扬州绿扬村茶庄、徽州屯溪同昌成茶庄等，都是老字号，今日仍然青春焕发。

茶号酿造茶香，茶家传播茶香，才使江南茶的美丽走入千人万人的杯中，让生活里流淌着江南茶乡的内容。

第五章

赏茶具

壶中有洞天

茶具是一条河，源头是远古陶制的罐缶器具，衍变为至今的陶、瓷、漆器、玻璃、金属之类。从最初的简单朴拙，到今天的精巧华丽，茶具千姿百态，五彩缤纷。

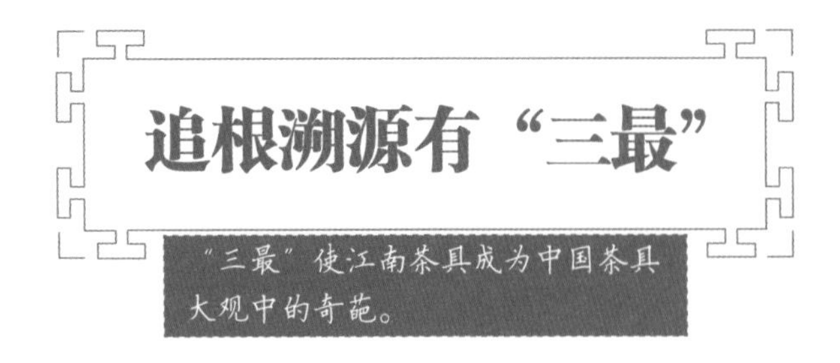

追根溯源有“三最”

“三最”使江南茶具成为中国茶具大观中的奇葩。

青釉莲纹四系罐（汉）
此罐应为古人盛水之用，相当于陆羽茶具中的熟盂（贮盛开水）。

江南茶具能在中国茶具中占据显要地位，追根溯源有“三最”。

“一最”是近年浙江上虞出土一批东汉的瓷器，杯、碗、壶、盏，考古专家认为这是当今世界上已知最早的瓷茶具。

茶具从何时开始出现，一直没有确切定论，人们只好到文献和出土文物中寻找答案，现在终于有了实物证据。据此，专家认为：“作为饮茶所需的专用器具，即茶具的出现，最迟应始于汉代。”

当然，这种茶具从在民间普遍使用到后来成套的专用茶具出现，中间应当还有相当长的历史时期。

越窑青瓷杯（唐）
陆羽最钟爱越窑青瓷，认为“青则宜茶”，可以增进茶汤色泽。

“二最”是唐代“茶圣”陆羽系统总结了前人饮茶器具，列出 28 种名称，这在中国茶具发展史上，是最明确、最完整的早期记录。它使后人清晰地看到了唐时我国茶具配套齐整、形式多样的风貌，故将专用茶具确立的时间定格在唐代。

陆羽长期生活在江南，熟悉并钻研茶事，用一辈子心血，写出中国茶史上的扛鼎之作《茶经》。25 种茶具就记载在《茶经・四之器》当中，具体是风炉、筥、炭檛、火筴、鍑、交床、夹、纸囊、碾、罗合、则、水方、漉水囊、瓢、鹾簋、碗、熟盂、竹夹、畚、札、涤方、滓方、巾、具列、都篮。《茶经》不但详尽记叙了茶具的名称，还有图样规格，并阐述其结构，指出其用途，是我国茶具发展史上集大成之作。

当然，这25种茶具的使用是因人而异、因地而异、因时而异的，并非任何场合都要全部备齐。同时期，唐人还推崇越窑青瓷，那也是江南茶具的重要组成部分，颇有影响。

“茶圣”陆羽像

“三最”是在定型的明代茶具中，江苏宜兴紫砂茶壶成为领军器具，最有影响，在中国茶具的阵列中有着举足轻重和不可替代的地位，“壶以砂者上，盖既不夺香，又无熟汤气。”明代罢造龙团，散茶崛起，是中国茶史上一次里程碑式的革命。革命的内容一是制茶法，二是饮茶法。饮茶直接用沸水冲泡，由此带来茶具的大变革，促进了茶具的定型化。创新的茶具当推小茶壶和茶洗，它们或瓷制或陶制。瓷制当推江西景德镇，传统瓷艺再弘扬；陶制则不同，属于创新发展，无论色泽、造型、品种或者式样，都进入精巧完美期，尤其紫砂壶成为一面猎猎旗帜，追随的“粉丝”无数，且历代被钟爱乃至今天成为收藏珍品，价值攀升，为江苏宜兴的陶业辟出一片广阔新天地。

当今世界，由于现代茶艺和茶馆的繁荣和发展，茶具更是五彩缤纷，江南茶具无疑是其中最艳丽的一朵。

陆羽设计的25种茶具

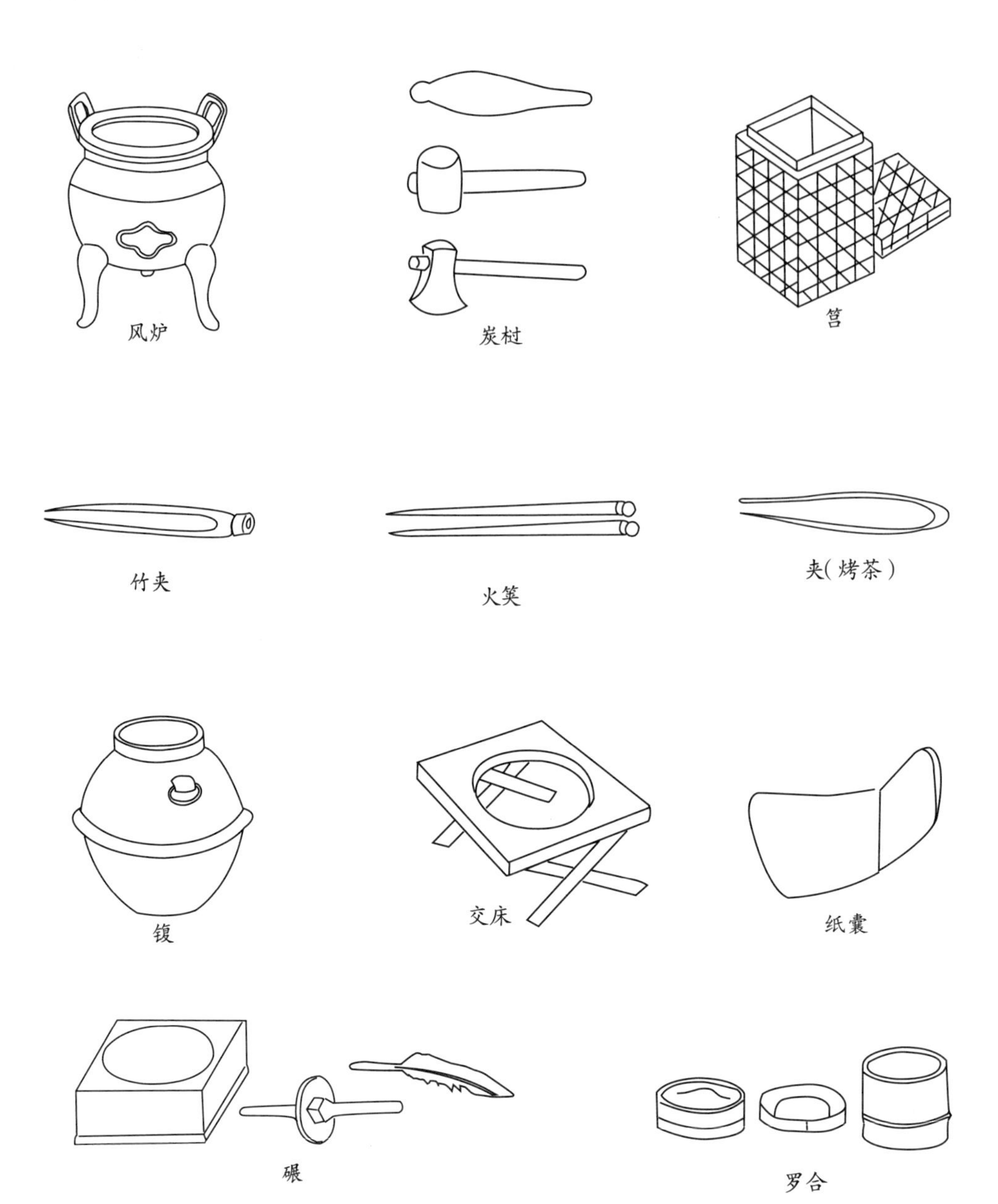

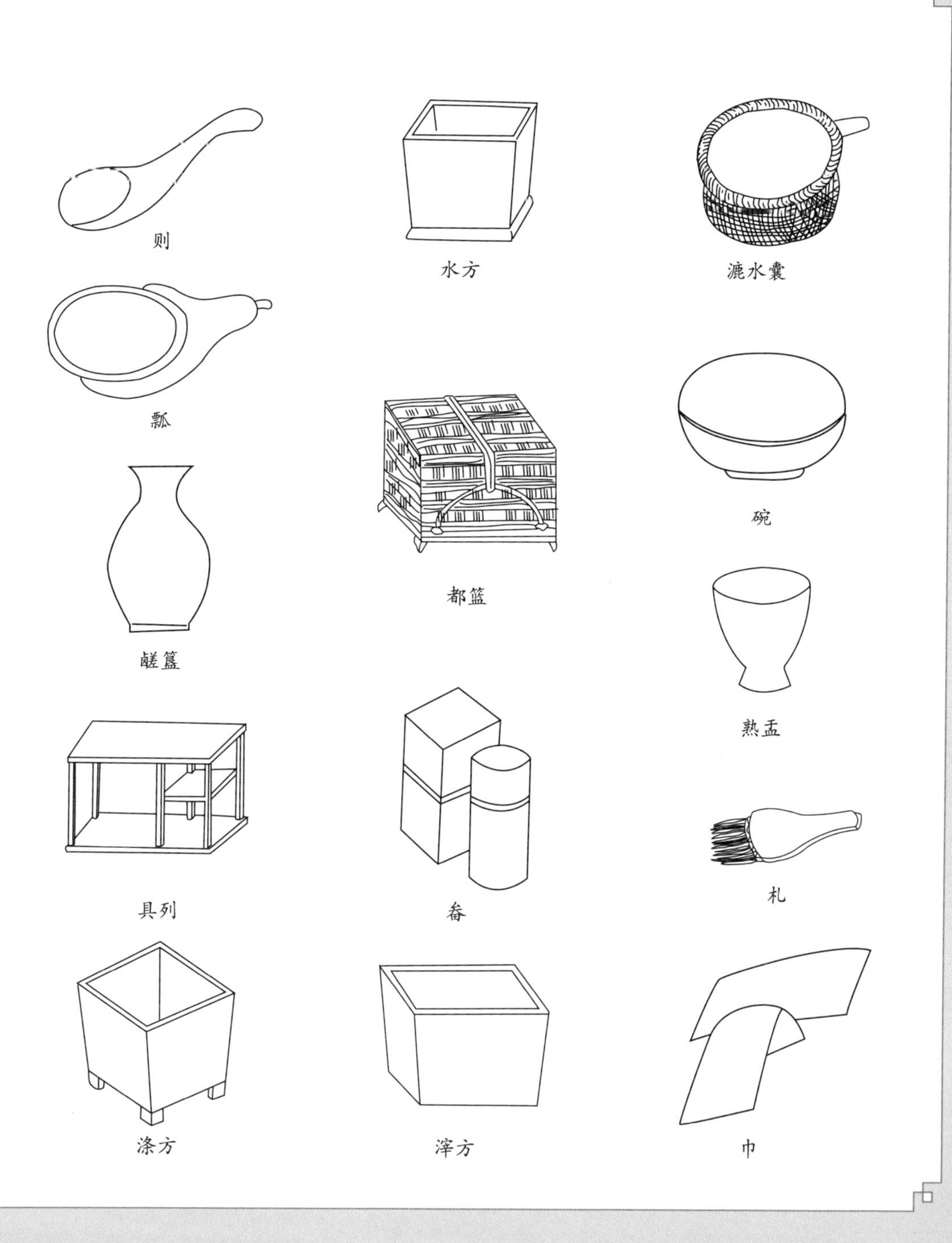

则
水方
漉水囊
瓢
碗
都篮
鹾簋
熟盂
具列
畚
札
涤方
滓方
巾

新石器时期	隋及隋以前	唐（五代）茶具	宋（辽、金）茶具 
 黑陶豆(新石器时期良渚文化）	  原始瓷社（汉）	琉璃盏托（唐）	怀仁窑黑釉油滴碗（金）
 灰陶(新石器时期良渚文化）	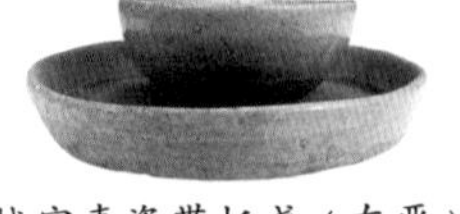 越窑青瓷带托盏（东晋）	 邢窑白瓷茶碗（唐）	 绿釉托盏（辽）
	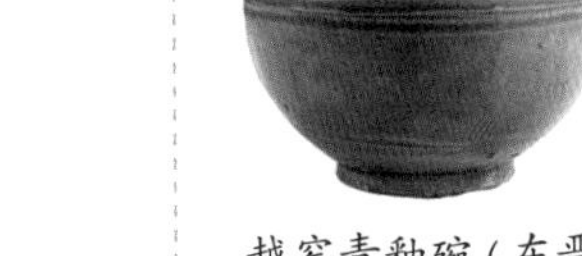 越窑青釉碗（东晋）	 越窑青釉横把壶（唐）	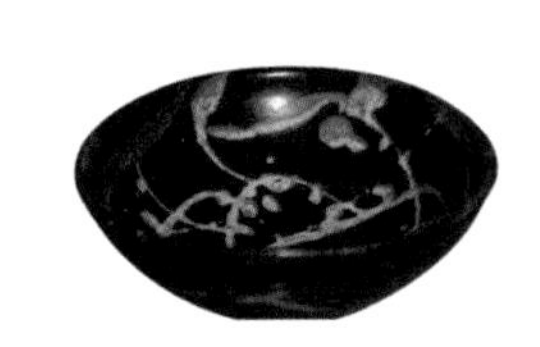 吉州窑黑釉白彩碗（南宋）

中国茶具发展历程

中国茶具有着漫长的发展历史，原始人类最初生嚼茶叶，没有茶具；随着生产力水平的提高，煮茶的碗、壶、罐等器物逐渐出现了。茶具也随着饮茶方式而改变，由最初的煎茶法到点茶法、泡茶法，茶具都有着不同形式的改变。这使得中国茶具的材质与制式异彩纷呈、品种繁多。

小链接

越窑茶具

越窑茶具：唐代越窑茶具主要有碗、瓯、执壶、杯盏、罐、盏托、茶碾等。碗的造型有花瓣型、直腹式、弧腹式等多种，侈口收颈或敞口内收。晚唐有葵花碗和荷叶碗等精美样式；瓯是中唐后风靡一时的新品种，撇口斜腹，体积较小；执壶又名注子，中唐后出现，侈口高颈，椭圆腹，浅圈足，长流嘴，与流相对还有把手，壶身刻花纹，有的还有铭文。

越窑青釉瓷执壶（北宋）

元代茶具	明代茶具	清代茶具	近现代茶具
卵白釉堆花加彩碗(元)	大文旦壶(明)	粉彩三果纹盖碗(清)	粉彩花卉纹茶壶(民国)
黑釉盏(元)	景德镇窑釉里红牡丹纹碗(明)	珐琅彩白砂茶壶(清)	白瓷茶具
吉州窑玳瑁釉执壶(元)	磁州窑白地黑花茶叶瓶(明)	黄地粉彩"五蝠捧寿"茶碗(清)	漆器茶具
青白釉盏托(元)	黄釉龙纹碗(明)	青花茶叶罐(清)	玻璃茶具
		茶船(清)	印花茶具

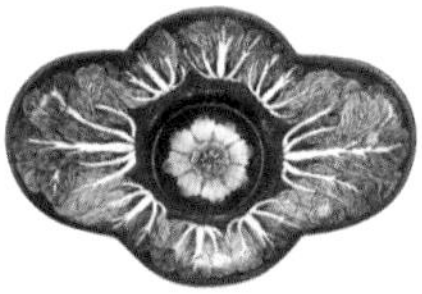

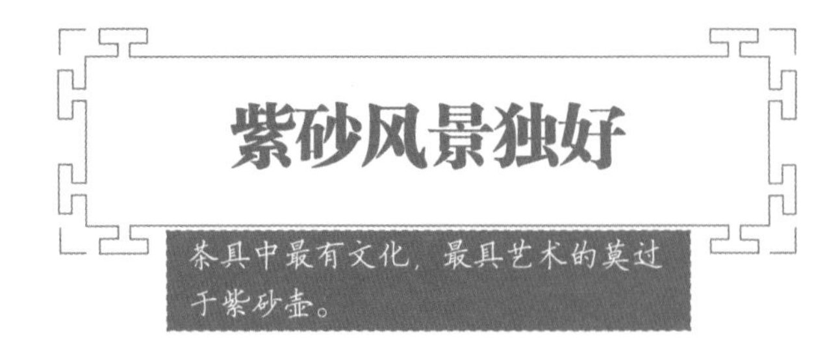

紫砂风景独好

茶具中最有文化，最具艺术的莫过于紫砂壶。

紫砂壶是宜兴的特产。传说古时候，这里只是太湖之滨的一个普通村落，人们农作之余做些陶缸陶瓮。忽一日村里走来一位僧人，一路走一路喊："卖富贵！卖富贵！"村人好奇，引颈观望。僧人再喊："不卖贵，卖富如何？"村人更不解，几乎发呆。僧人喊声更响，脚步更快，几位聪明老者似有所悟，紧随其后，朝青龙山、黄龙山方向走去。一个拐弯，僧人忽然不见，老者们四下张望，发现地下有几个新挖的土坑，坑里有五颜六色的泥土。老者们将奇妙彩土带回家，捣碎后烧制成的陶器非常独特。于是村人纷纷仿效，漂亮的紫砂壶从此诞生了。

传说寄托了美好愿望，更为紫砂壶增添了神秘的魅力。

追溯真实，宜兴紫砂源于北宋。其时诗人梅尧臣的《依韵和

宜兴紫砂碎片

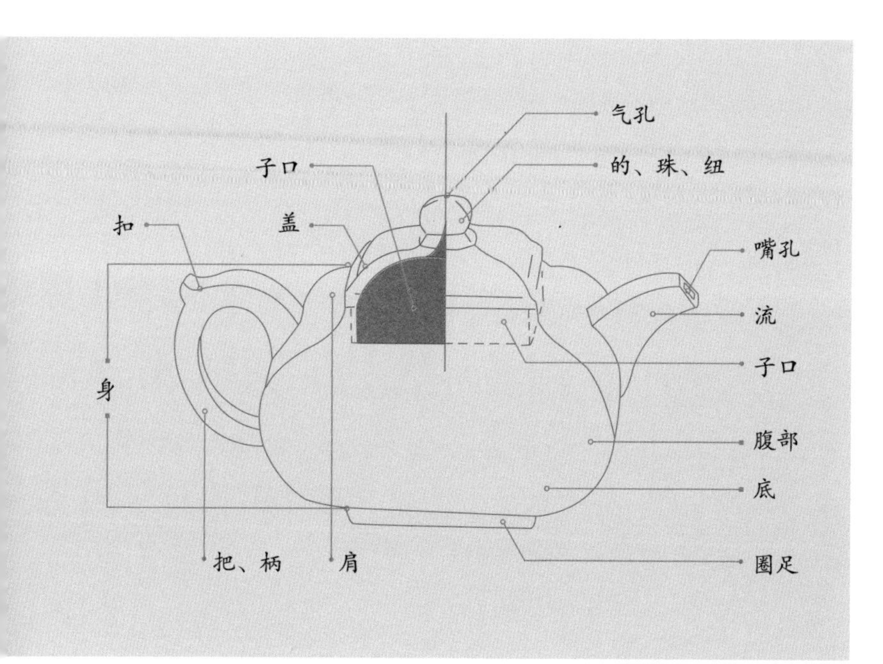

紫砂壶构造图（一）

紫砂壶的原料统称紫砂泥，包括紫泥、绿泥、红泥。紫泥为主要用泥，其泥中有“肯”，即含石英颗粒。

紫砂优点：

1. 可塑性好。
2. 干燥收缩率小。
3. 本身能单独成陶。

上等紫砂壶应具备条件

1. 造型简洁，壶身沉稳。
2. 选料上乘，紫砂土多于五色。壶体色泽讲究古朴、自然，壶身手感滋润。
3. 适用古人的“三山齐平”的评壶标准：
   ①正视：壶两肩齐平。
   ②侧视：壶体、壶嘴、壶口、把顶齐平。
   ③俯视：壶嘴、盖钮、壶把齐平。
4. 钤印是否为名家所制，是决定紫砂壶价格，以及鉴定、参考的因素之一。
5. 当注满水后，堵住壶嘴应滴水不漏，壶嘴内应装滤罩。

宜兴竹海

紫砂壶构造图（二）

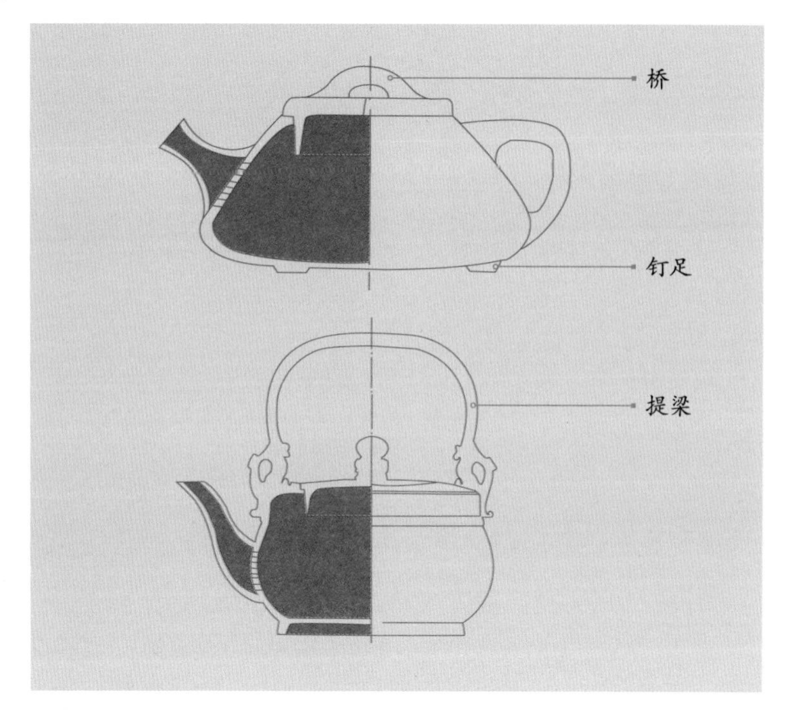

杜相公谢蔡君谟寄茶》云：“小石冷泉留早味，紫泥新品泛春华。”这被后人看为最早的史料依据。

明代泡饮革命给紫砂带来成壶机遇。当时宜兴郊区有座金沙寺，寺里有位喜欢喝茶的僧人，他用紫砂泥试验做茶壶，一举成功。当时有一位随主人在寺中读书的名为供春的书童，他对以紫砂做壶很感兴趣，也研习制壶，并模仿老银杏树的树瘤制成了树瘿壶，人称“供春壶”，这在茶壶制作史上很有影响。从此，紫砂茶壶逐渐超越所有的紫砂器具，成为其中最具代表性的作品。

紫砂壶的诞生，非常适宜当时的泡茶方式，保温透气，茶汤隔夜不馊，壶身经过茶水浸润，外面光泽度好，因此大受欢迎，有“世间茶具称为首”的声誉。于是人们越发研究壶的造型，开始赋予壶身以艺术色彩，使其身价大增。

紫砂原料主要有三种：一种呈紫红色和浅紫色，称做“紫砂泥”，烧成后为紫黑色或紫棕色；一种呈灰白色或灰绿色，称做“绿泥”，烧成后为浅灰色或灰黄色；一种呈红棕色，也叫“绛泥”，烧成后为灰黑色。三种陶土，宜兴黄龙山都有蕴藏，其中紫砂泥最丰富，绿泥较为稀少。

紫砂壶并非全姓“紫”。高温烧成后，色彩多样，有朱砂红、枣红、紫铜、海棠红、铁灰铅、葵黄、墨绿、青蓝等颜色，自然变化奇诡，色彩丰富多姿，整器质朴浑厚，古雅动人。

宜兴丁蜀镇，写就五千余年制陶史。明清时，此地方圆数十里“家家做坯，村村有窑，遍地是陶”。清代著名词学家陈维崧留下诗句：“白甄家家哀玉响，青窑处处画溪烟。”足见当时盛况。如今走丁蜀，满街陶器，令人痴迷，人称“中国陶都”。

紫砂名家，更是流芳久远。

明代有供春，正德年间人，擅长制壶，目前有树瘿壶传世，壶呈核桃色，外形为银杏树瘤，也称“供春壶”，现收藏于中国历史博物馆。时大彬，明万历年间人，是继供春后影响最大的壶艺家，作品人称“时壶”，在当时和后世都有巨大声誉。他在世时就有人仿冒，“时壶市纵有人卖，往往赝品非其真”。真正的时壶传世不多，被文物鉴赏家和紫砂爱好者视为圭臬。

陈鸣远，清康熙年间人。他的作品题材和形制广泛，包括壶、杯、瓶等，极富创造性，“构思之脱俗，设色之巧妙，制作技巧之娴熟”，为同行所不及。惠孟臣，康熙年间人，其作品朱紫色者多，小壶多，工艺“浑朴工致，兼而有之”，特别是小壶的制作，成就非凡，堪称楷模。陈鸿寿，号蔓生，嘉庆年间人，西泠八大家之一，既精于书画、金石，又工于制壶，开创紫砂壶与诗书画

明代供春造紫砂壶

清代陈鸣远制紫砂松段壶

明代仿供春式龙带壶

清代宜兴窑描金方壶

清代宜兴窑紫砂绿地描金瓜棱壶

顾景舟制紫砂僧帽壶

结合之风，促进了紫砂壶发展。蔓生曾手绘十八壶式，与制壶艺人杨彭年、杨宝年、杨凤年兄妹合作，并题字刻铭，后世称“蔓生壶”，此套壶价值连城。邵大亨，嘉庆、道光年间人，辞世较早，传世作品少，但多为精品，有“龙头一捆竹壶”、“蛋包壶”、“仿鼓壶”、“鱼化龙壶”等，无不精美绝伦。

现代有顾景舟，又名景洲，是一位学者型陶艺家，技艺全面，各种造型作品均极精致，尤其擅长造型简练的作品。顾景舟浑朴儒雅，周正含蓄，挺括沉稳，被尊称为“壶艺泰斗”、“一代宗师”。

当代陶艺家有蒋蓉、徐汉棠、顾绍培、汪寅仙、周桂珍、许四海等，较为有名。

紫砂壶造型大致有三类：一，仿生型，如南瓜型、扁竹型、梅干壶等；二，几何型，如六方壶、八角壶、圆壶等；三，艺术型，如加彩人物壶、山水茗壶、什锦壶等。

选购紫砂壶大有学问，要领有五：一看美感，即要符合个人喜好；二看质地、胎骨和色泽，胎骨以轻敲声铿锵悦耳为上，色泽以润者为佳；三看壶味，略带瓦味正常，有火烧味和杂味不足取；四看精密度，注水半壶，压住气孔和壶嘴，水不外滴为好；五看出水，顷壶倒水，滴水不留为佳。紫砂珍贵在于“养”，俗话有“花一百元买，花二百元养”之说，要养出温润如玉，养出敦厚包浆，养出富贵气度。

新壶到手后，要先与粗茶一道下锅热煮半小时，去掉杂味和蜡质。注意所用粗茶要与今后此壶饮用的茶类一致，以防串味败兴。平常要不断泡茶使用，以吸收茶汤，生成油亮壶面，用后要倒尽茶渣，并以热水洗去残汁。不用时，也要不断擦拭壶身，经常把玩，以人气孕育灵气，使壶身发出泥质光辉。

“天子未尝阳羡茶，百草不敢先开花。”世界给了宜兴阳羡

名茶，同时又添加上了一把壶。紫砂壶的清雅茶香，滋润了中华民族厚重的文脉，身价更是非同一般，体现了拥有者的身份和地位。

在清朝宫廷中，紫砂壶被当做皇家贡品珍藏。台北故宫博物院藏有“康熙年造”款的珐琅四时花卉紫砂壶，造型有方有圆。清宫内务府造办处档案，有雍正四年（1726 年）十月二十日“持出宜兴壶大小六把”、乾隆二十三年（1758 年）十月五日苏州织造送到“宜兴壶四件”的记载。北京故宫博物院藏有“乾隆年制”款紫砂壶，以及乾隆帝外出携带在藤编提盒里成组的紫砂茶具。

老外也爱紫砂茶具。明末，葡萄牙东印度公司运紫砂器到荷兰，引起欧洲人兴趣，被称为“红色瓷器”、“朱泥器”；大约在 1680 年，荷兰匠师曾加以仿造；1690 年，英国匠师用红色黏土仿制紫砂器，以适应英国上层社会的饮茶风尚；美国纽约藏有郑宁侯制造的透雕树枝、梅花方壶和双流壶。后者为提梁壶，壶内分隔为两小室，可分装两种茶，两个壶嘴镶银，构思奇特；日本在江户时代末传入紫砂茶具，镌有“惠孟臣”和“陈鸣远”名款的紫砂壶特别为人所爱。明治年间，聘苏州籍紫砂艺人金士恒去日本传授技艺；还有专为泰国烧制的“天启贡局”、“顺治贡局”等款的紫砂茗壶，直到 19 世纪还在继续烧制。清光绪年间，紫砂壶更是大量销往日本、墨西哥和南美各国。

紫砂壶的问世打破了中国乃至世界茶具的价值格局，变实用为鉴赏，变鉴赏为拥有，变拥有为收藏，绽放出奇花异朵，使泥巴的艺术、艺术的泥巴，成为国之瑰宝，登上高贵典雅的文明殿堂。

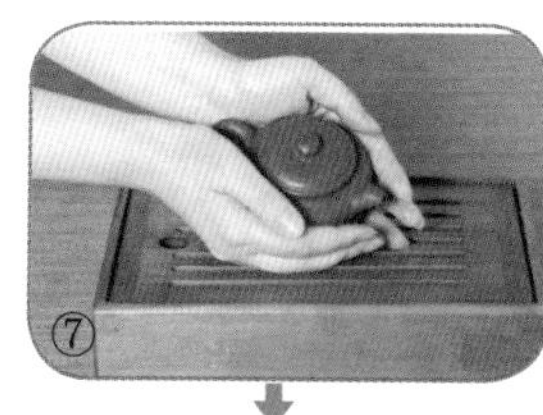

紫砂壶养壶程序

①茶壶倒转放平
②堵住壶盖上的小孔倒不出水来
③沸水淋壶消毒
④用茶水养壶
⑤用茶渣擦壶
⑥用湿巾擦壶
⑦用手摩挲壶
⑧出水流畅
⑨养壶
⑩紫砂茶韵

小链接

“曼生壶”十八式

1. 石铫。上题：“铫之制，技之工，自我作，非周种。”
2. 汲直。上题：“苦而旨，直其体，公孙随想甘如醴。”
3. 却月。上题：“月满则亏，置之座右，以为我规。”
4. 横云。上题：“紫云之腴，餐之不臞，列仙之儒。”
5. 百衲。上题：“勿轻短褐，其中有物，倾之活活。”
6. 合欢。上题：“蠲忿去渴，眉寿无割。”
7. 春胜。上题：“宜春日，强饮吉。”
8. 饮虹。上题：“光熊熊，气若虹，朝阊阖，乘清风。”
9. 古春。上题：“春何供，供茶事，谁云者，两丫鬟。”
10. 瓜形。上题：“饮之吉，瓠瓜无匹。”
11. 葫芦。上题：“作葫芦画，悦亲戚之情话。”
12. 天鸡。上题：“天鸡鸣，宝露盈。”
13. 合斗。上题：“北斗高，南斗下；银河泻，阑干挂。”
14. 圆珠。上题：“如瓜镇心，以涤烦襟。”
15. 乳鼎。上题：“乳泉霏雪，沁我吟颊。”
16. 镜瓦。上题：“鉴取水，瓦承泽，泉源源。润无极。”
17. 棋奁。上题：“帘深月回，敲棋斗茗，器无差等。”
18. 方壶。上题：“内清明，外方直，吾与尔皆藏。”

石铫壶　汲直壶　却月壶

横云壶　百衲壶　合欢壶

春胜壶
饮虹壶
古春壶
瓜形壶
葫芦壶
天鸡壶
合斗壶
圆珠壶
乳鼎壶
镜瓦壶
棋奁壶
方壶

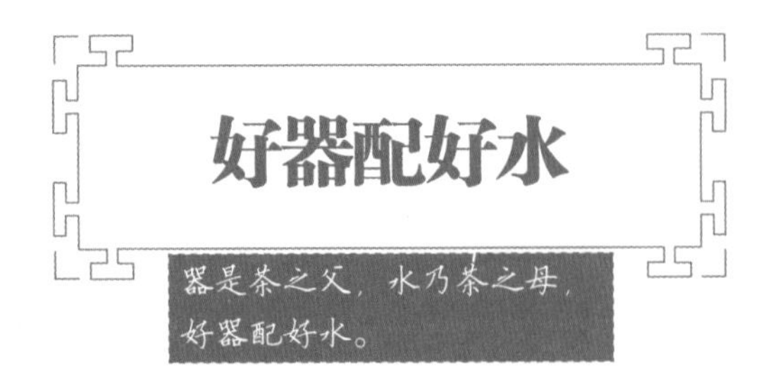

好器配好水

器是茶之父，水乃茶之母，好器配好水。

“茶圣”陆羽说，水分山水上，江水中、井水下。“其山水，拣乳泉石池漫流者上”，意思是说泉水最好。江南有好水，好泉就更多。

镇江金山中冷泉，人说“天下第一泉”。

金山在镇江西北，长江南岸。中冷泉也称“扬子江南零水”。以中冷泉沏茶，茶味清香甘洌。据唐代张又新《煎茶水记》记载，品泉家刘伯刍鉴定过不少名泉，评定中冷泉为“天下第一泉”，自唐至今，盛名不衰。中冷泉好，好在泉处波涛汹涌的江心，汲水极不容易，很有神秘色彩。《金山志》载：“中冷泉，在金山之西，石弹山下，当波涛最险处。”古人汲水要看时辰，“子午二辰”最佳，也就是中午十二点和晚间十二点前后的一小时。取水还要特殊器具，铜瓶铜葫芦最佳，以不长不短的绳子吊入石窟正中，才能取着水，稍有错位，即不是中冷泉的水味。南宋诗人陆游为之感叹：“铜瓶愁汲中濡水，不见茶山九十翁。”今日，中冷泉已与陆地连片，泉眼砌成方栏，立碑刻字，成了名胜。

惠山泉——上池、中池

无锡惠山寺石泉水，人称“天下第二泉”。

惠山，一名慧山，又名惠泉山，有“江南第一山”之美誉。因山上有九个山陇，似龙在盘旋飞舞，又称“九龙山”。宋人苏轼赋诗赞叹：“石路萦回九龙脊，水光翻动五湖天。”惠山泉，称

明代雕刻的龙头

惠山泉——下池

著天下，有三处泉池，一在入门处，是泉的下池，开凿于宋，明代雕刻了龙头，泉水从上面暗穴流下，由龙口吐入下池；另二处在漪澜堂后的“二泉亭”内。漪澜堂建于宋，堂前有观音石，堂后为天下闻名的二泉亭，泉池分别在亭内和亭前。相传此为唐代无锡县令开凿，分上池、中池，上池水质最佳。陆羽访茶品泉，曾多次来此考察，著有《惠山寺记》，并将泉水评为“天下第二泉”。其他品泉者刘伯刍、张又新也有此说。元代书法家赵孟頫题写“天下第二泉”石刻，越千年盛名不衰。

帝王将相、文人骚客青睐“二泉”，风流轶事很多。唐武宗时的宰相李德裕好饮二泉水，竟用驿递传送，泉走三千里，一路上长安。宋徽宗专横，敕令按时按量送泉到东京汴梁。康熙、乾隆二帝稍省民力，亲临品尝。至于文人雅士为此泉作歌赋诗，更是不计其数，皇甫冉、苏东坡是其中大家，他们在这方面的浪漫作品成为千古绝唱。

杭州虎跑泉，天下第三泉。

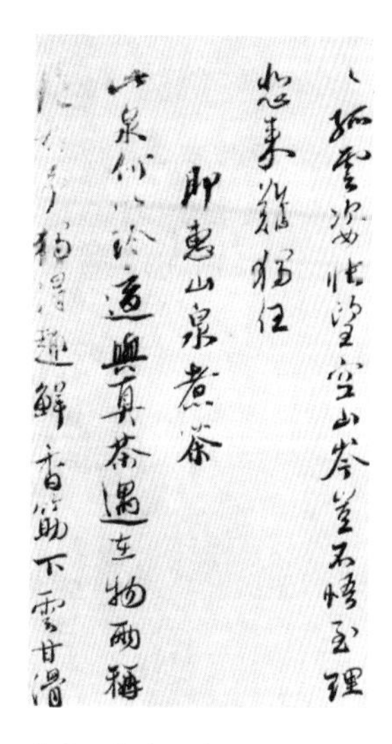

蔡襄《即惠山煮茶》(北宋)

蔡襄北宋著名书法家，为“宋四家”之一，以撰写《茶录》闻名于世。此诗为蔡襄游惠山时所作，诗首一句“此泉何以珍，适与真茶遇”是将泉与茶视为珍物。

“天下第二泉”惠山泉

天下第三泉——虎跑泉

西湖西南隅大慈山白鹤峰麓，有钟楼、罗汉堂、济公殿、五代经幢、弘一法师纪念塔等名胜古迹簇拥着虎跑泉。两尺见方的泉眼，清澈明净泉水从山岩石罅间涌出。泉后壁刻“虎跑泉”，大字为西蜀书法家谭道一手书。泉前有方池，四周环石栏；池中叠置山石，傍以苍松，间以花卉，宛若盆景。周围还有听泉、释泉、赏泉、试泉、寻泉、品泉配套，俨然一个泉家大组合，叮叮咚咚，江南韵律从地下发声，悠扬千百年。

说起虎跑泉，其中有故事。传说唐以前，此地无泉也无寺，有位性空和尚云游至此，见环境清幽，便有心栖禅。他细心察看，发现此处缺水，感觉缺憾。一日来了两个力大无比的兄弟，叫大虎和二虎。他们才到杭城就听说性空和尚要建寺院，心为所动，决计剃度为徒，专为挑水。兄弟二人每天起早到大慈山外的西湖挑水，日用倒是足够，但建筑大寺院仅靠肩挑脚走，水量明显不够。性空为此发愁。忽一日，大虎计上心来：自己在南岳衡山时，曾经口渴遇泉，清洌香甜，听说那叫童子泉，是稀世仙泉，何不将它移来？二虎听罢，拍手叫好，于是二人出发，跋山涉水赶到童子泉。费了很大的力气，但泉水纹丝不动，兄弟二人发愁了。守泉仙童提示说：“这是仙泉，凡人怎能搬动，二位诚心要搬，脱俗成虎才行，不知意下如何？”兄弟慷慨答应后，仙童洒仙水、拂仙枝，二人立刻落地成虎。仙童拔出泉眼，驮在二虎背上，自己骑上大虎，直往西湖飞去。性空正在打盹，朦胧中梦见老虎刨地，醒来果然有穴，且泉水潺潺，唯独不见虎影。性空深知这是大虎、二虎精灵所现，便将泉水取名为“虎跑泉”。有了泉水，性空很快建成了大寺院。

天下第三泉——虎跑泉

今日虎跑寺，原名广福寺。以虎跑泉池为中心布局，四周依次建轩立亭，院内引水凿池，架设拱形石桥，寺中松柏交翠，寺

广福寺

后修篁漫山。根据“虎移泉眼”的传说，1983年人们在虎跑滴翠岩后山腰平台，又专门设立“梦虎”雕塑：两只猛虎接踵刨地出泉，性空禅师合着双目，怡然梦中。雕塑充分利用自然地形，把人物和猛虎、涌泉、自然山水、江南庭院建筑融为一体，宁静而跃动，动静有致，生趣盎然。石壁间刻有“虎跑泉眼”行书和“梦虎”篆字，有联赞曰：“虎移泉眼至南岳童子，历百千万劫留此真源。”

龙井茶和虎跑水被世人誉为“西湖双绝”，其中虎跑泉不仅是天下名泉，也是西湖的十大著名景点之一。

杭州龙井泉，其泉水也名冠天下。“秀翠名湖，游目频来过溪处；腴含古井，怡情正及采茶时。”这是乾隆所撰名联，歌颂

杭州龙井泉。此泉位于西湖西面凤篁岭上，为裸露型岩溶泉。龙井本名龙泓，又名龙湫。龙井泉相传发现于三国年间，古人以为与大海相通，故名龙井。水出岩间，水味甘醇，四时不绝，清如明镜，寒碧异常，如取小棍轻拨泉水，水面则显由外向内旋动的分水线，十分神奇。有人说，这是已有泉水与外入泉水比重和流速不同而产生的差异；也有人说，是泉水表面张力较大所至。孰是孰非，看官游客自己评说。龙井泉所在的龙井村是饮誉世界的西湖龙井茶产地之一。

苏州虎丘寺石泉水，天下第四泉。

苏州虎丘，又名海涌山，在阊门外西北山塘街。春秋时，吴王夫差葬其父于此。相传葬后三日，有白虎蹲其上，故名虎丘。也有人说，是因为“丘如蹲虎，以形名”。古时这里曾建寺院，留下“塔从林外出，山向寺中藏”的景句。

据《苏州府志》记载，“茶圣”陆羽晚年，在德宗贞元年间曾长期寓居虎丘，一边著书立说，一边研究茶学，研究水质对饮茶的影响。他发现虎丘山泉甘甜可口，便在虎丘山上挖筑石井，人称“陆羽井”，并将其评为“天下第五泉”。据传当时皇帝听到这个消息，就把陆羽召进宫去煮茶，饮后果然名不虚传，大为赞赏，便封陆羽为“茶圣”。

天下第五泉——扬州大明寺泉

虎丘泉水质清味美，被陆羽其后的唐代品泉家刘伯刍评为“天下第三泉”。虎丘石泉古井位于“千人石”右侧的“冷香阁”北面，属于著名旅游点之一。井口约一丈见方，四面石壁，不连石底，井下清泉寒碧，终年不断。冷香阁内，今有茶室，窗明几净，清幽高雅，是游客小憩品茗的最佳去处。

扬州大明寺泉，天下第五泉。

扬州大明寺，在北郊蜀冈中峰。因建于南朝宋大明年间而得名，乾隆南巡扬州，担心“大明”二字使人思念明朝，下令改为“法净寺”，并亲自题名。现寺内有平山堂、谷林堂、鉴真纪念堂。

大明寺西侧，是为人称颂的西园，也称平山堂御苑。园内凿池数十丈，沦瀑突泉。石隙中有井，井旁刻有“第五泉”三字，为明御史徐九皋所书。

“第五泉”之名，说是来自唐人张又新的《煎茶水记》，对此欧阳修表示异议。据说欧阳修贬官后，由滁州迁扬州，做江都太守。他因怀才不遇，常常寄情山水。一天欧阳修来到大明寺，寺中老僧虽知来者身份，却态度冷淡。小和尚端茶上来，欧阳修呷一口，问泡茶之水取自何处？老僧得意答道：“这水汲自本寺一泉，历来被称为‘天下第五泉’。”欧阳修不以为然，说：“请问师父，说它是‘天下第五泉’，不知有何依据？”“唐人张又新所云。”老僧回答，并拿来张又新的《煎茶水记》捧给欧阳修。“张又新没走遍天下，自然没有尝遍各地泉水，只凭想象就把泉水分七等，做法不足取。”欧阳修毫不客气回道。老僧又搬出“茶圣”陆羽，说张又新是根据陆羽所说而写的，“茶圣”之论，岂能有错。欧阳修仍然穷追不舍，再问：“陆羽又是根据谁说的呢？”老僧无言以对。至此，欧阳修认真说道：“当今天下，滔滔长江在南，滚滚黄河在北，河、湖、泉、井不计其数。陆羽、张

小链接

文天祥咏镇江金山中冷泉诗：

扬子江心第一泉，南金来北铸文渊。
男儿斩却楼兰首，闲品茶经拜羽仙。

苏轼咏无锡惠山寺石泉诗句：

独携天上小团月，来试人间第二泉。

虎跑寺楹联：

梦熟五更天，几许钟声敲不定；
神游三宝地，半空云影去无踪。

苏州虎丘寺石泉联语：

雁塔影标霄汉表；鲸钟声渡石泉间。

扬州大明寺泉楹联：

大江南北，亦有湖山，
来自衡阳洞庭，休道故乡无此好；
近水楼台，尽收烟雨，
论到梅花明月，须知东阁占春多。

桐庐严陵滩楹联：

汉代辰光，陵滩隐钓名香远；
唐时陆羽，子濑烹茗韵味长。

又新没有走过几州几府，他们所评七泉仅在东南一角，谁能保证除此以外，长城内外、黄河上下、天府四川、苍茫楚地，再没有好水？凡事要寻根求源，不可人云亦云。”老和尚听罢，甚为钦佩。欧阳修回到府里，当即写就《大明寺泉小记》一文，赞美大明寺泉水“为水之美者也”，但没说属于何等。文章写好，送给老僧，请他指正。老僧人阅罢，佩服不已，从此和欧阳修结成好友，来往甚密。

轶事流传，虽为大明寺泉赋予人文佳话，但人们仍喜欢以“天下第五泉”称之。现在大明寺西园新建了五泉茶社，坐茶社内小憩，品尝五泉水沏泡的新茶，清香留颊，不失为怡人享受。

江南佳泉好水，还有浙江天台山西南峰千丈瀑水、桐庐严陵滩水、江苏吴县东山柳毅井、安徽黄山温泉等。这泉水从地下冒出，集聚成潮，香气也罢，灵气也罢，配上紫砂，投入春茶，演绎出天香国粹，让江南秀气弥漫时空，给人以永恒的享受。

第六章

行茶艺

人器境皆雅

江南名茶多，泡法也多。泡法不同，茶味就不同，由此产生出了根据不同的名茶而成的茶艺。茶艺是一道亮丽的风景，将品茶方法和意境融为一体。

江南名茶多，泡法也多。泡法不同，茶味就不同。

茶是天成的艺术精灵，给人以至高的艺术享受。历代文人墨客对此都有精妙描述，如唐代卢仝“七碗茶”就是其中的一例：

一碗喉吻润，
二碗破孤闷，
三碗搜枯肠，唯有文字五千卷，
四碗发轻汗，平生不平事，尽向毛孔散，
五碗肌骨清，
六碗通仙灵，
七碗吃不得也，唯觉两腋习习清风生。

这首脍炙人口的“七碗茶”，为卢仝的《谢孟谏议寄新茶》诗中的一节，说一天清晨，时任常州刺史的孟简派人送来三百片阳羡贡茶。卢仝品尝后，感觉奇妙无比，感慨万千，灵感喷涌而出，于是欣然命笔，从而写下了这堪称千古绝唱的“七碗茶”名篇。

唐寅《看泉听风图》（明）

茶到明代，变煮为泡，更使人重视茶艺，研究茶艺。著名画家唐伯虎就是一位。“买得青山只种茶，峰前峰后摘春芽。烹煎已得前人法，蟹眼松风娱自嘉。”在这首《画中茶诗》中，唐伯虎风趣地想着，假如有朝一日，自己能买得起一座青山的话，那就山前山后都种茶。烹茶和煎茶的方法都已经从前人那里领略了，如今亲自烧水，看沸水如蟹眼起伏、似松风鸣笛，该是何等快乐！要买一座青山种茶，为的就是满足自己煮水品茶，如此的浪漫和豪迈，全是茶艺的诱惑。

清代，乾隆这位皇帝，尝遍天下名茶，唯对龙井情有独钟。他六下江南，四次专程品龙井，茶兴浓，诗兴也浓，尤其诗作《坐龙井上烹茶偶成》，更是传名千古：“龙井新芽龙井泉，一家风味称烹煎。寸芽生自烂石上，时节焙成谷雨前。何必团凤夸御茗，聊因雀舌润心莲。呼之欲出辩才在，笑我依然文字禅。”诗句说

乾隆十八棵龙井御茶

茶讲泉，歌颂茶的品质，最后巧妙点明龙井绝品是谷前茶，可见这位皇帝对茶艺是何等精通。

徽州人饮茶的本事也不差，钻研摸索，总结归纳，弄出些规范茶艺，整整四类：富室茶、文士茶、农家茶、道家茶，在当时就是艳丽奇葩，今天也还是凤毛麟角。

富室茶特点重排场、重气派、重器具，高堂花厅，华贵茶具，嫩芽新茶，一切以气度不凡、富丽堂皇为宗旨。茶具追求质地优良，造型高雅，饮者多为达官贵人和富贾豪商等。茶道共有十一道程序，分备具、备茶、赏茶、涤器、投茶、浸润泡、冲泡、敬茶、受茶、品茶、收具。手法是燕子衔泥，有条不紊，慢而不断，行家称之为“千金”泡法。

文士茶品饮环境

茶艺十八道程序

备具 → 焚香静气 → 盥手 → 备茶 → 赏茶 → 涤器 → 置茶 → 投茶 → 洗茶 → 冲泡 → 献茗 → 受茗 → 闻香 → 观色 → 初品 → 上水 → 再品 → 收具

文士茶显现徽州文人个性，特点是重环境、重氛围、重程序。环境要求或幽林庭园，或竹坞流泉，或山光水色；氛围讲的是邀三五知音，携同道好友，泥炉薪炭，瓦罐竹勺，精美器具加上上等的名茶。若有陆羽茶旗飘扬，古联、古炉、古壶相配，就更得一味；精心设计的茶艺程序共有十八道：备具、焚香静气、盥手、备茶、赏茶、涤器、置茶、投茶、洗茶、冲泡、献茗、受茗、闻香、观色、初品、上水、再品、收具。十八道程序，幽雅别致，每一道都是礼仪，将文人对茶的虔诚抒发得淋漓尽致。在整个演示过程，对每一道环节均有更详备的要求，如“冲泡”，要求演示者先要将壶高高拎起，然后忽上忽下冲泡三次，行话叫“凤凰三点头”。“闻香”时，汤盖显出缝隙，从缝中轻轻吸气，那清香一缕便款款游入心中，顿化开来。各道程序的演示手法也极具艺术品位，兼以舒缓轻柔的音乐作衬，移杯动盏，铿锵成韵，冲水沏茶，泉声淙淙，纤手洗茗，玉环起舞，启茶敬客，宾主共饮。那如歌如舞的表演，本就令人如痴如醉，再加上闻香品赏，茶烟袅袅，清香宜人，使饮者不由自主地进入了修身养性之境，达到人生至高无上的享受高潮。因此有人将文士茶特色概括为“三雅”：人雅、器雅、境雅，这话恰如其分。再加上用水的讲究，或高山名泉，或冬令雪水，如此物我合一，情景交融，又有人将此概括为“三清”：汤色清、气韵清、心境清。

徽州农家成千上万，村舍人家，既业茶，更饮茶，自然形成饮茶风俗。农家茶，有着浓郁的乡土气息，朴实无华，却情真意切。它没有繁缛程序，追求简洁方便，对沿用的乡间饮茶习俗稍加整理，设计有“涤器”、“投茶”、“洗茶”、“冲注”、“敬茶”等简练的程序。手法是蜻蜓点水，快而不乱，一气呵成；随心所欲，没有周到文雅的礼仪，厅堂院落，地头田埂，因地制宜，因陋就简；

茶艺茶具示意图

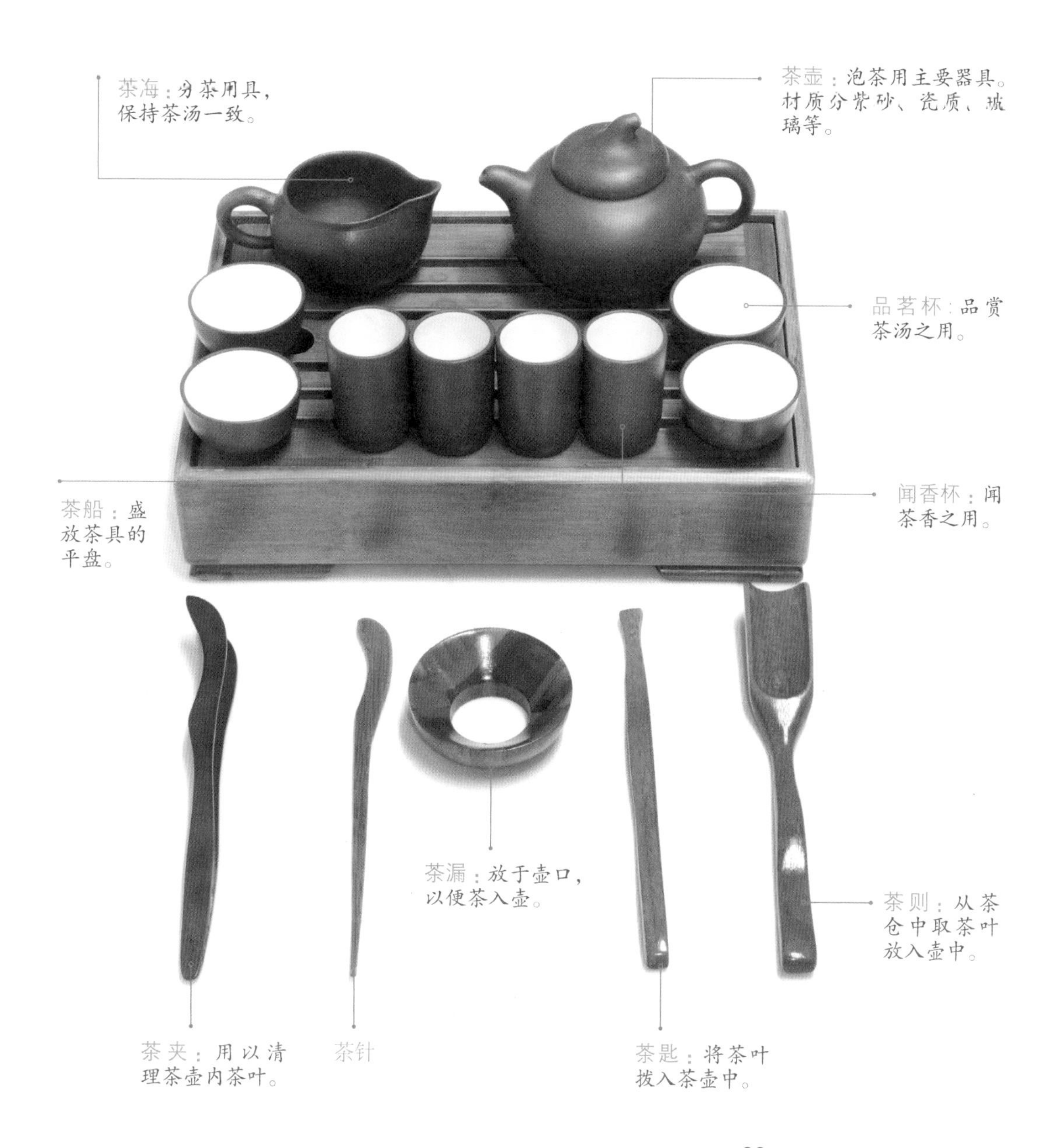

茶海：分茶用具，保持茶汤一致。
茶壶：泡茶用主要器具。材质分紫砂、瓷质、玻璃等。
品茗杯：品赏茶汤之用。
茶船：盛放茶具的平盘。
闻香杯：闻茶香之用。
茶漏：放于壶口，以便茶入壶。
茶则：从茶仓中取茶叶放入壶中。
茶夹：用以清理茶壶内茶叶。
茶针
茶匙：将茶叶拔入茶壶中。

不讲奢华情调，实惠俭朴，大壶粗碗，茶筒茶篓，就地取材，粗犷朴实，毫无矫饰之习。农家茶用水是普通之水，用火在文武之间，一切听从天然，无拘无束，给人以回归自然的感觉。

农家茶真诚纯朴，还表现在以茶点佐茶。茶点多为当地的土特产品，如盐笋、荞麦松之类，不胜枚举。农家茶还有许多别开生面的节目，如新娘茶、枣栗茶、利市茶等，参与者众，场面生动热闹，活泼有趣。

道家茶是安徽休宁县齐云山所独有的茶道。齐云山是中国四大道教名山之一，有“江南小武当”之称。在逐渐成为江南道教活动中心的同时，也孕育出一套规整有序的茶道。敬天祈地是道家茶的思想特色，追求返璞归真，清静无为。

齐云山人家

道家坚信“我命在我不在天”，认为健康来自修炼。所以齐云山道教很注意发挥茶的药效功能，对香客是看症奉茶，以此衬托道家的灵验。山上的香风茶就是特色，这种茶碧绿芳香，具有解表祛风、理气化疾的功效。香客登山每每汗流浃背，脱衣更衫易受风寒，道士以此茶相赠是常有的事。道家茶仪朴实无华，或以大缸施茶，任人饮用，或捧献药茶，以答求医者，或备下茶点佐供香茶，以迎贵客。

做齐云道茶

徽州茶道汲取了中国唐宋茶道精髓，融入地方特色和文化内涵，注重个性，表现的道德精神是“敬、和、俭、静”四字，备受茶界推崇。

道家茶园

江南茶艺丰富，风格多样，尤其名茶茶艺更是风格优美。展示几例名茶，以概其貌：

龙井茶

西湖龙井茶素有「绿茶皇后」的美誉，其色、香、味俱佳。从古至今人们皆视西湖龙井茶为「茶中状元」，龙井茶也因此多被作为高级茶礼。

碧螺春

产于苏州太湖洞庭山，又称「洞庭碧螺春」。碧螺春茶始于明代。其成茶卷曲如螺、汤色碧绿、滋味鲜爽。茶香幽雅，有「吓煞人香」的美誉。

黄山毛峰

产自秀丽的黄山，成茶外形细嫩、多毫，冲泡后杯中雾气轻飘，滋味鲜醇回甘。

太平猴魁

产自黄山太平猴坑，有着「深谷幽兰」般的独特韵味，其花香高远，滋味甘甜。

祁门红茶

产于安徽祁门县一带。外形紧细匀整，色泽乌润，汤色红亮，滋味甘醇。

第七章

赞茶功

百草让为灵

江南名茶上千年来一直作为贡茶为王公贵族享用。唐代人齐已称赞茶“百草让为灵，功先百草成”，意思是茶的功效让百草甘为其后。茶膳也同茶叶一样，深受人们喜爱。

贡茶和国礼茶

茶为王者用和国家用，可谓最高礼遇。

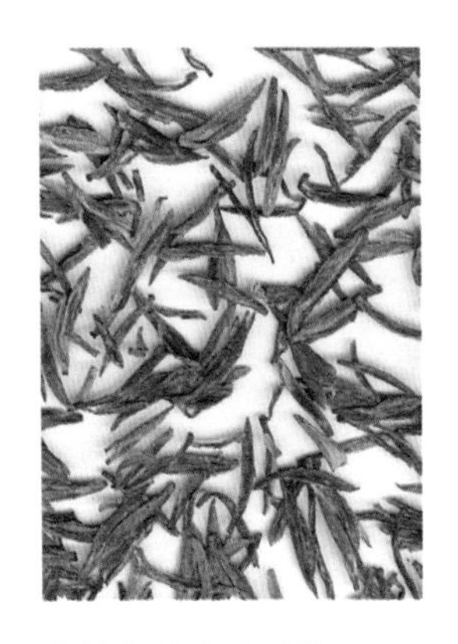

紫笋茶是唐时贡茶

古代地方政府进贡给朝廷的茶叶被称为贡茶，贡茶皆为江南茶。中国贡茶萌芽于西周，江南贡茶起源于东汉。

东汉吴兴郡乌程温山（今浙江省湖州）始有御茶园，江南茶从此进入帝王家。唐朝确立了官造贡茶的制度，第一个官办的贡茶院位于湖州顾渚山，江南由此成为官营贡茶。宋代江南又添江苏御茶园和北苑龙焙。元明清时龙井、碧螺春等名茶又进入贡茶行列，江南贡茶队伍日益壮大。

江南贡茶故事多。

《三国志·吴书·韦曜传》记载有江南吴国末代皇帝让臣子以茶代酒的故事。孙皓在即位前是乌程侯，乌程出产荈，荈即茶。乌程产的荈专供孙皓，成了御茶。孙皓爱办酒会，他的爱臣韦曜不胜酒力，孙皓便暗中赐他御茶以代酒。

唐代贡茶院石刻

顾渚贡茶院，江南第一家，风流也是第一。

“顾渚贡院建于唐代大历五年（770年），迄至明洪武八年（1375年），兴盛时期长达605年”，这是《长兴县志》的记载。唐代官营贡茶院之所以建在顾渚山，是因为顾渚山在湖州长兴，和常州宜兴交界，东临太湖，西北依山，云雾弥漫，土深地肥，所产紫笋茶令人齿颊留香。

顾渚贡茶院规模很大，有茶厂三十间，“役工三万人”，“工匠千余人”。顾渚贡茶院组织严密，中央有专门官员督办，地方

赵佶《文会图》【局部】（北宋）中国台北故宫博物院藏

此画为宋徽宗赵佶之画作，描绘了北宋时期文人雅士在山林间品茶、雅集的场景。

其上还有宋徽宗的亲笔题诗：“儒林华国古今同，吟咏飞毫醒醉中。多士作新知入彀，画图犹喜见文雄。”

也有官员督造，由刺史主之，观察使总之。每年开工日，湖、常两州刺史先祭金沙泉茶神，然后在山上立旗张幕，与万人齐呼“发茶芽”，最后在太湖启动画舫春游，携官妓大宴，饮酒作乐，盛况空前。

“初春日，清明前，一骑快马上长安。”为了按时完成圣令，湖、常二州刺史，立春前后，征调工役数万人，赶采争作。清明日，紫笋茶运到宫廷，引起一片欢腾。“凤辇寻春半醉回，仙娥进水御帘开。牡丹花笑金钿动，传奏吴兴紫笋来。”这是吴兴刺史张文规在其《湖州贡焙新茶》一诗中描述的宫廷迎紫笋茶的场面。

还有一首《茶山诗》讲述了役工的艰辛和愤怒，作者也是刺史，叫袁高。他在进献贡茶时带献此诗，终于引起皇帝注意，开了“减贡”之恩。史籍这样评价他：“自袁高以诗进规，遂为贡茶轻者之始。”

唐时江南贡茶还有婺州东白茶、常州阳羡茶，以及余姚仙茗茶、嵊县剡溪茶等。

宋代贡茶中心南移，说是因为顾渚贡茶吊起了帝王的胃口，为满足“京师三月尝新茶”的需求，官营贡茶中心便由产茶稍晚的江南迁至炎热的南方。但是江南茶仍为贡品，并增加了雁荡茶等。此情事延至元代，基本未变。

明太祖朱元璋

农民出身的明代开国皇帝朱元璋，对制茶工艺有着深远的影响，其主倡的散茶，自明代延续至今。

明代开国，朱元璋皇帝既是农民出身，又多年转战江南茶区，茶事艰辛，触动心绪，于是罢造龙团，“惟采芽茶以进”。朱元璋主观是摒弃繁琐、简捷喝茶，客观上却革新了造茶法、饮茶法，开创了中国茶业的新局面。《檐曝杂记》记述了一个故事。一天夜晚，朱元璋微服来到国子监，察访学子，见个个认真读书，心中十分高兴。朱元璋信步来到茶房，厨师不知是皇帝，但仍礼貌让座，并端上一杯香茶问候。朱元璋看茶水青翠凝碧，急忙啜一口，顿感味道甘醇无比，高兴地问道：“这茶比龙团好喝多了，莫非是顾渚芽茶？”厨师答：“你真是道地茶家，这茶就是吴兴县深山明月峡谷的茶。”朱元璋想，人家都说明月峡的茶是绝品，厨师居然舍得泡给我喝，厨师也是绝品，于是命人取来五品官袍，立马加封厨师为五品官员。大明皇帝喜欢喝散茶，贡茶就用散茶，造法简单了，因此贡地的范围也扩大了，贡量也增加了。于是在江南茶区中，江苏增宜兴县，安徽增广德州，浙江增的更多，上交贡茶的县有长兴、嵊县、会稽、永嘉、临安、乐清、富阳、慈溪、丽水、金华、龙游、临海、建德、淳安、遂安、寿昌、桐庐、分水（今属桐庐）等18县。其中慈溪贡量最多，为260斤，分水贡量最少，仅1斤，其他县均在几斤到几十斤不等。

清代茶业鼎盛，贡茶也兴旺。

浙江海宁人查慎行（1650 ~ 1727），在任翰林院编修期间编著了一本《海记》，把康熙年间各地贡茶列成条目，涉及江苏、安徽、浙江等7省70多个府县，岁贡量达13900多斤。其中部分贡茶还是皇帝亲自选定的，如洞庭碧螺春、西湖龙井。

独特地域，孕育出独特香气。洞庭碧螺春原被当地人称为“吓煞人香”。康熙三十八年（1699年），康熙皇帝第三次南巡到太湖，巡抚宋荦从当地制茶高手朱正元处购得精品“吓煞人香”进贡。康熙饮后，大为赞赏，同时感叹：“此茶名差矣，朕题之为‘碧螺春’如何？”御赐茶名，求之不得，从此碧螺春理所当然成为珍品贡茶。

黄宾虹《太湖西洞庭图》历代书画名家皆是爱茶之人，现代书画大师黄宾虹更是爱茶如痴。这幅画中洞庭山上仿似长着一株碧螺春茶树。

西湖龙井成为清廷贡茶，则是乾隆皇帝御封的。乾隆曾六次下江南，四次品龙井，多次在龙井泉赋诗。他到狮子峰胡公庙饮茶，并将庙前的18棵茶树封为御茶。西湖龙井因此身价倍增，成为贡茶。

还有徽州老竹大方茶，是老竹岭一位大方和尚创制，乾隆赐名为“老竹大方”，从此岁岁进贡。

乾隆爱茶痴迷，还发布诏令：“进献贡品（茶）者，庶民可升官发财，犯人重刑减轻。”

天子用茶，抬高了茶的地位，推动了茶叶生产和茶文化发展，江南茶档次和名气才如此之高之大。

以茶为礼，馈赠友邦，这类茶叶属于最高等级的茶，地位应

老竹大方
此茶由僧人创制、皇帝御封，可谓集万千宠爱于一身。

比贡茶还高。

什么是国礼茶，国礼茶始于何时？

权威茶著诸如《中国茶叶大辞典》等均无记载，史籍中到有些许蛛丝马迹。

宋代皇帝接见外国使节，仪式隆重繁琐，“赐茶”是必不可少的程序。《宋史·礼志》载：“宋朝之制，凡外国使至及其君长来朝，皆宴于内殿……赐茶酒。”宋向辽、金、西夏外派使节，茶也为必带礼品。此二举也许应属于国礼茶的源头。

乾隆年间，清朝与英国政府交涉两国贸易问题时，送的礼品中也有茶。

“国礼茶”这个称谓应该是在新中国成立后才出现的，如祁门红茶的标准中就以“国礼茶”为最高等级的茶。

另一种茶香

江南茶滋味甘爽，其药效很好，做成的茶膳也十分可口。

茶叶最早的功能是药用，再到熟吃，后来才成为一种饮品。

茶为“万病之药”，茶好药用功能就好。江南茶是最好的茶，药用功能无疑也是茶中最好。古籍中对江南茶的药用记载不在少数，如“茶圣”陆羽说：“黄山茶，养生之仙药、延年之妙术也。”《本经逢源》载：“徽州松萝，专于化食。有消积滞、去油腻、清火、下气、降痰之功效，久饮还可治顽疮及坏血症。”现代科学研究表明，松萝茶有解酒、消食、减肥、明目，治疗痢疾和高血压等功能，故享有“药茶”之美誉。

以茶为题，配食做菜，算是茶宴。茶宴在我国已有三千多年的历史。

我国茶宴起源于江南。唐代湖州皎然诗僧的茶诗《九日与陆处士羽饮茶》云：“九日山僧院，东篱菊也黄。俗人多泛酒，谁解助茶香。”品茗赏菊，以茶代酒，该是十分有趣。

大型茶宴以湖州顾渚山为最，白居易有诗句：“盘下中分两世界，灯前合作一家春。青娥递舞应争妙，紫笋齐尝各斗新。”虽然在这种茶宴中，茶艺成分较重，但既然是以盘为具，可想而知，必定有茶食。如今传统茶宴不再，取而代之的是以茶入菜的新内容，学名叫“茶膳”。

江南茶膳名闻遐迩，品种举不胜举。

巧妙地将茶叶融入菜肴，充分释放茶的营养，并通过茶的渗

松萝茶茶汤

茶的功效很多，据《茶经》描述，共有24项之多。松萝茶解酒、消食、利血。

透，达到去腻、去腥、去异味之目的，进而丰富菜肴的色香味，是江南茶膳的宗旨。

专用江南名茶入馔的特色菜很多，热菜类有龙井虾仁、毛峰鲥鱼、祁红鸡丁、祁门红豆、祁红焗肥鸭、黄山毛峰鸡、鸡丝碧螺春、碧螺鱼米、碧螺里脊、脆炸龙井、狮峰野鸭、龙井爆皮蛋、鲍鱼护碧螺、碧螺四季豆、龙井氽鲍鱼等；凉菜类有碧螺沙拉、毛峰贡菜、毛峰炸雀舌等；茶汤类有龙井捶虾汤、龙井片肉汤、龙井豆腐汤、龙井蛤蜊汤等，名目繁多。

在此举四道江南茶膳，以飨读者。

民间流传着一个关于龙井虾仁的传说。相传乾隆有一次下江南，正值清明，他便服游西湖，来到龙井茶乡，不料天下起了雨，

三潭印月（碧螺春）

原料：

主料：墨鱼 300 克，黄瓜 1 根，鸡蛋 1 个，发菜 2 克，芹菜 1 根。

调料：生粉 30 克，碧螺春茶粉 2 克，菜泥 200 克，盐、味精适量。

辅料：红樱桃 3 粒。

制作：

1. 墨鱼去鱼皮与筋，用粉碎机打成茸状，并团成墨鱼球，投入沸水中煮熟。

2. 黄瓜去皮切成 5 厘米左右，挖去内瓤，将三段黄瓜呈品字形立起，用牙签扎牢。每段黄瓜上放一粒墨鱼球，顶上再放一颗红樱桃，仿制出“三潭”的形态。

3. 将煎好的鸡蛋放在碟子一侧，蛋上放发菜、碎樱桃、菜丝点缀。

4. 将茶粉与菜泥勾芡，放少量盐和味精，倒入碟中，即为“湖水”。

陆翁煎茶（祁门红茶）

原料：

主料：黄鳝200克。

调料：盐1克、砂糖25克、米醋15克，红茶1克。

制作方法：

1. 将黄鳝沸水煮熟，去骨，拍上干淀粉待用。
2. 将锅内油烧至八成熟放入鳝段并炸至酥脆。
3. 盘中用红茶及调味料烧成稠汁，将捞出的鳝鱼放入盘中。

门泊东吴万里船（黄山毛峰）

原料：

主料：银鱼200克。

辅料：黄瓜500克。

调料：茶粉1克，盐2克，菜泥适量，高汤适量。

制作：

1. 黄瓜洗净切成三等长的段，雕刻成船状。
2. 锅内放入茶粉、菜泥，勾芡装入盘中。
3. 银鱼上浆拉油，加入调料炒好，倒入热水焯过的船（黄瓜）中，船再放入盘中，插上红旗。

龙井传说（龙井茶）

原料：
主料：荔芋200克。
辅料：咸菜叶85克，冬笋10克，糖浆、椰丝适量。
调料：砂糖粉25克，龙井茶1克。

制作方法：
1. 荔芋刻成古井状，先上笼蒸熟，再沾上糖浆、滚上椰丝摆入盘中备用。
2. 咸菜叶放入清水中浸泡两小时，将其沥干后切成丝状，放入油锅炸脆，与龙井茶相掺，撒上砂糖粉装盘。

龙井虾仁
龙井虾仁名扬天下，曾是御膳。后又为大众所喜欢，自是口味与传说相并的原因。

他只好找人家躲雨。这家女主人好客，连忙泡茶。乾隆品尝，竟然是龙井，且异香扑鼻，喜出望外。乾隆想将茶带回去，但又不好意思开口，更不愿暴露身份，于是趁女主人不注意，偷偷抓一把，藏进外衣里面的龙袍口袋里。雨过天晴，他又去游西湖，玩得好尽兴,一直到太阳落山,才感觉口干肚饥。巧在前面就有酒店，乾隆进去，点几个小菜，其中有清炒虾仁。他忽然想起身上的龙井茶，何不就地泡来解渴。他当即叫来店小二，掀衣取茶。小二看见龙袍，吓了一跳，急忙端着龙井，跑进去告诉老板。老板正在炒虾仁，听说皇上驾到，大惊失色，忙中出错，竟把龙井当做葱花放入虾仁中。小二又忙中添乱，错将虾仁端到乾隆面前。乾隆觉得这道炒虾仁多出一种味道，不同凡响，再看那道菜，虾仁白如玉，茶叶绿似翠，清香扑鼻，鲜嫩可口，便连声称赞："好菜！好菜！"从此这道好菜经过厨师的不断改进，被正式命名为"龙井虾仁"。

关于这道菜的由来还有另一种说法：清代时安徽人有用雀舌、鹰爪等茶芽做菜的。杭州人受启发，就用龙井做菜，配以虾仁，并命名为"龙井虾仁"。不久这道茶膳成为杭城三十六道名菜之首。

今日都市，茶膳风行。清明未到，娇嫩的茶芽便从枝头走上案板，成为商家的宠儿。

杭州青藤茶馆，名为茶馆，实为茶餐厅。人们除了可以在此饮茶外，还可在此吃饭。虽然沾染了饭馆、酒店的味道，但这里的环境布置、店门招牌，皆冠之以"茶"字，茶氛围浓郁至极。

目前杭州最大茶楼青藤茶馆

西式茶点

上海秋萍茶宴馆，那里有道地纯真的茶宴，有人说是可以吃的茶文化，既形象又贴切。此宴馆可谓中国首家正宗的茶宴馆，一百余款精美绝伦的茶菜享誉海内外，被誉为“中国一绝”。在这里人们可以吃出健康，吃出精神，吃出心情。有位法国作家体验一次后，赞叹道:“中国茶是一部哲学史。摆放在桌面上的茶肴，每道都是艺术，简直让我着迷。”秋萍茶宴馆将贯穿中国几千年历史的茶文化物化为精致可口的佳肴摆上餐桌，人们填饱的是肚子，装点的是精神。

2007 年，“茶乡酒杯”江苏首届茶文化美食节在天目湖畔举行，这是一次以茶为主题的美食大比拼，来自江苏、浙江、安徽

茶点：杨梅、南瓜子

茶点：茶点盘多小而精致，配搭精美的茶点，非常漂亮。常根据不同品类任意搭配。

茶杯：不管杯中为绿茶、红茶还是花茶，茶点都是一种美味可口的佐餐。在品茶的同时，人们可得到另一种味觉的享受。

江南茶室中的茶点

茶点是分量小且精致的食物。中国自唐代起就有关于茶点的记载。唐代宫廷茶宴多以粽子、饼、饺子、烤肉、柿子等为茶点，品种特别丰富。

江南的茶室中较为常见的茶点，包括：蟹壳黄、枣泥酥饼、高桥松饼、千层饼、蛋石衣、茶酥糖、茶梅、茶瓜子、葱油饼、芝麻糊、春卷、烧卖、八宝饭、茶叶蛋、汤包、姜饼、芋艿、散子、桂花藕、海棠糕、年糕、麻团等等。

等地的七十余位大厨现场烹饪。“茶香鱼鳞蛋”、“茶汁菊花翅”、“茶香锅巴”等一百多道茶肴闪亮登场，“天目一壶春”、“中式烤阿拉斯加鳕鱼”、“茶香锅巴”等获奖。这是茶菜的另般亮相。

江南人品茶，还佐以精美可口的茶点。

江南传统茶点丰富多彩，极具乡土风味，人见人爱。咸笋干、盐饼、肉丝萝卜糕、酥冻米、豆糖、松糕、苞芦松、盐水豆、梅干豆腐、酥糖等，不胜枚举。大户人家的茶点还要用精美的盒子装着，民间称为“桌汇”。

江南还有许多可爱的“吃法”，也颇有情趣。

夏天，农民在田间辛勤劳动，休息时会用一种锅巴茶解渴和充饥。烧饭时，将紧贴锅壁的饭焖足，使其结成锅巴，把锅巴加水煮开，就成了锅巴茶。锅巴茶吃起来又香又爽口，还有益气、健脾、养胃之功效。还有很多“非茶之茶”，如徽州贡菊茶、浙江青豆茶等。

第八章

品茶馆

人间多茶客

江南人都喜欢在茶馆品茗聊天，享受闲暇的时光。因而江南的茶馆可以体现出江南乡村、都市的不同风情。

乡村茶

江南乡村的茶清新自然、平和平淡，是乡村人心中的一道风景。

江南人喝茶推崇清饮雅赏，开水直接泡，举杯就品饮，“清水出芙蓉，天然去雕饰”。

居家开门七件事，柴米油盐酱醋茶。没有程序，不讲套路，顺其自然，质朴无华。

家茶淡是真

一张桌、一把壶、两碗茶，二人坐于桌边细品茗，聊家常，这就是淡淡的家茶。

居家饮茶是生活需要，是生命本能，是原生态饮茶。早晨热饮，褪尽睡后的疲倦，提起一天的精神；饭后啜饮，释放咀嚼的疲乏，冲洗饭后的残渣，更换口腔的味道；渴时狂饮，满足机能的渴望，补充水分；夏日牛饮，驱散胸中的暑热，增加水分；夜晚品饮，兴许捧一本书，或许收看电视，算是对白天劳累的慰问。个中看似无味，其实最为有味。

闲时坐在松树林间，看着带雪的松柴煮茶。汤水翻滚如浪，投入碾碎的饼茶末。须臾便神清气爽，恍惚间尘俗皆灭。别的书不宜看，最适宜的是看挚友写来的书信。这是唐代江苏吴县人陆龟蒙的饮茶心得，见于其《煮茶》：“闲来松间坐，看煮松上雪。时于浪花里，并下蓝英末。倾臾精爽健，忽似氛埃灭。不合别观书，但宜窥玉札。”此诗抒发的就是独饮家茶的情调，自得其乐，好不逍遥。

独饮得乐，合家共饮茶更香。曾任叶圣陶先生秘书的老茶人史晓风，是浙江余杭人。他回忆儿时回乡下，品饮乡村茶的情景：

外婆给我准备了一套小巧玲珑的带盖带托盘的小碗，浅绿的，发光的，薄薄的，很可爱，但不敢碰它……舅舅告诉我，这是用一种叫“瓷土”的原料，加工成的细瓷，是外公用过的茶具，外婆平时舍不得用，今天一早翻箱倒柜找出来，专门给我用的。外婆从锡罐里倒出一小撮扁扁的深绿色的“干菜叶子”，放在刚用开水烫过的杯子里。我说：“外婆能不能多放点，我们家都是用大碗冲干菜汤的。”引起一阵哄堂大笑。母亲跟我解释说：“这是茶叶，不是干菜。”又对众人说：“也难怪，他在上海没见过茶叶，也没喝过茶。”母亲准备沏茶，外婆拦住她，说：“这是新茶，用热水瓶里的水。”我问为什么，外婆说：“新茶很嫩，刚开的水，一冲就熟了，没有清香味了，茶就不好喝了。”大约过了五分钟，外婆说：“你打开盖子，闻一闻，看一看，尝一尝。”我一闻一尝，一股清醇的香气钻进鼻子，又通过口腔弥漫到全身，顿觉神清气爽，非常舒服。一看，那些僵死的叶子又活了，是碧绿碧绿的嫩芽，一颗颗一朵朵很整齐，像用小剪刀剪出来的。

松树林间

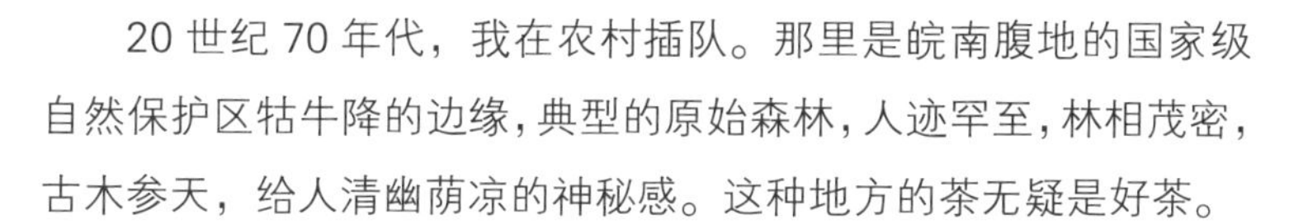

20 世纪 70 年代，我在农村插队。那里是皖南腹地的国家级自然保护区牯牛降的边缘，典型的原始森林，人迹罕至，林相茂密，古木参天，给人清幽荫凉的神秘感。这种地方的茶无疑是好茶。

在安陵下张村插队时，茶是每天必备的，尤其夏季，甚至比饭菜还重要，驱热解暑全靠它。农民泡的是粗茶。粗茶的外形很难看，叶片大，颜色黑，歪扭萎缩，皱成一团，被人们随便装在铁箱子里。农民泡茶时，随手抓一把粗茶，丢在大壶里，开水冲泡后就喝。泡开的叶片奇形怪状，芽不像芽，叶不像叶，躺在壶底。汤色红中带黄，像淡酱油，也没多少香气，然而解渴得很。大热天从田里归家，端起冷茶，咕咚咕咚灌几碗，清凉茶汤顺着肠胃流淌，丝丝的凉意，几乎走遍每一个细胞，身心立马透凉，口中

老茶店

老茶店是乡村人心里的一道风景。朴素的农家茶，搭配几样小菜，乡味浓郁。

泛出微微的甜味，仿佛山间的清风吹过人的五脏六腑，吹走了酷暑的残迹。那味道特美，不亚于山珍海味。那浓酽茶味，久久扎在心头，几十年难退。

今日江南农家，日子滋润，生活富足，但家中的茶味，始终如一。早起备茶是常规，即使整天不出门，喝口热茶也是享受。外出干活时，背上茶筒，或者水壶。冬季农家茶是一道风景：家庭主妇早晨起来，第一份活即烧水泡茶。烧水、洗壶、投茶、冲泡，茶香弥漫。那茶泡得偏浓，茶汤甚至微红，“为的竟日饮，茶味久久新”。冬天时，人们为了使茶汤保持温热采取了很多方式。有的在家中堂的正前方挖个坑，一米见方，坑里填满炭火，火上放置饭菜，再放一壶茶。茶壶是铜或铁的，满满的茶水，随时都热，但不烫嘴，倒出便饮，方便可口。还有的人家，准备一只火桶，桶里置火盆，中间盖铁栅，摆放着饭菜和一把大茶壶，桶上铺上旧棉袄之类，茶温稳定，随取随饮，也是便捷实用。外出农作，则以竹筒或者葫芦装茶。

想象着合家围坐在火炉边，外面大雪纷飞或者滴水成冰，屋内却是其乐融融，一片祥和温馨。堂前摆上电视，电视中播放着国内国外的新闻、这里那里的风景、昨天今天的故事。壶里的茶一杯一杯落肚，话题不断更新。壶里茶水倒了再续，续了再添，茶汤渐淡，亲情雅意却悠长。那份劲、那份味，千金难买，万金难求。

家茶是温情的港湾，乡村室外饮茶更有情趣。没有繁文缛节，只有质朴平淡的纯真。几文钱买一碗茶，随到随取，或者干脆奉送，不要分文。平和平淡平常茶，写出乡村茶景千千万。

昔日江南，乡间曾有茶会，那是民间的慈善组织，由热心公益事业和好善乐施者自愿组成。大家集资，在路口码头设茶亭、摆茶棚，雇人烧水泡茶，置放大桶、大壶或大缸，配以瓢勺杯碗，供人免费取饮。据清代浙江《景宁县志》载，当时全县有三个茶庵：惠泉庵，在县东梅庄路旁；顺济庵，在一都大顺口路旁；福卢庵，在三都七里坳。茶会公推专人管理，公约刻于碑上，浙江江山茶会碑就是一例。婺源、休宁分界的浙岭上也有施茶碑。江南大地上，还有无数茶亭，它们迎风屹立到如今。如今，杭州乡间仍有施茶活动。

茶亭

茶亭一般置于园林、山间，江南茶客坐于其中，可赏山林景色，也可饮茶、休憩。

室外有茶会、茶亭，室内便有茶馆。太湖南岸物产丰富、商业发达，大小集镇近百个，每个镇上都有许多茶馆。据调查，抗战前茶馆最为兴旺，规模大的有三四十家，中小型茶馆也有五至十家。茶馆称谓不一，有茶庄、茶园、茶楼等。店号取名也雅致，如群贤阁、明泉楼、金谷园、天韵楼、一洞天、同春苑等。乡村茶馆多数地处交通要地。今天的杭嘉湖平原，江南水乡古风依存，乌镇、桐乡、湖州、绍兴的茶馆比比皆是。它们多傍河而立，一半枕街，一半临水，柱子立在河里，阁楼建在水面上。临水三面大开窗，眼望水、背靠水、脚踏水，水榭式氛围极有情调。有的茶馆开在桥堍上，建筑多为砖木结构，古朴典雅、

江南小巷中的茶馆招牌

杭州西湖的露天茶座
依山傍水，喝茶聊天，其乐融融。

小巧玲珑，极富乡土气息。楼上有雕花格子窗，茶客可凭窗远眺。绍兴的茶馆不仅遍布街头巷尾，就连停靠在河边的乌篷船，也是微型茶馆。“有一次沿河散步，看到一个划乌篷船运客的艄公从尾舱内拿出一套炉具、茶具摆在船面上，慢慢煮起功夫茶来，等候客人上船饮用。茶煮好后，还没有客人来，艄公便自斟自酌起来。那副悠然自得的模样，与昔日绍兴城内茶馆里的茶客一样。”有篇文章这样描述鲁迅故乡今日的茶风。

茶馆规模自由，大的十几桌，小的几张台。长板凳、粗泥紫砂、老虎灶、大铜壶，味道纯正。茶客有镇上老人、四乡赶集的农民，当然也会有外来游客。

水乡早茶最热闹，老茶客半夜两点起床，三点起身去吃头茶。茶馆店门打开，老虎灶通红，壶里冒热气，熹微晨色便开张。老茶客讲究定壶、定桌、定杯、定座，茶壶、茶杯是买好放着

茶馆里茶香悠悠

老茶具
铜壶、粗陶茶碗、旧方桌，乡村气息浓郁。

的。紫砂壶、紫砂杯用得油亮。几十年的茶壶积累了厚厚的茶垢，不放茶叶也能闻出茶香，也能泡出茶水。老茶客口味重，质量不求好，数量要求多，茶汤苦涩，却有滋有味。天亮了，赶早集的从四面八方赶来，他们放下赶集的担子，卸下赶路的困乏，打探生意经，会见远道的朋友，满屋满街热气腾腾，茶香氤氲。日头出来，集市人渐渐变少，买的买了，卖的卖了，早市茶馆告一段落。有的茶馆晚上也开张，里面还有人说书和演戏。

不论面生或面熟，不论知己深交还是萍水相逢，不论年长还是年少，话匣打开，大家就是熟人。社会新闻、乡村琐事、荒诞传说、儿女亲事、市场信息、世事变迁、人间悲欢，张家长、李家短的人生百态，全在茶香中悄悄扩散，再由此流向四面八方。

江南乡土茶唱着一出戏，内容不断翻新，角色不断更换，但锣鼓旋律不变，那就是茶香。

都市茶馆

茶馆是都市人品茗、交流、娱乐、休闲的场所，是他们放飞情感的地方。

都市茶馆是当今时尚。都市人可以在茶馆里品茗休闲、娱乐交谈，甚至沟通情怀、宣泄情感、交朋结友。滚滚红尘，万千世界，能与友人借助茶水解心曲、开话匣，合饮一壶茶，那真是赏心乐事。人生在世，难得的是缘分，难求的是机会，难买的是兴致。

茶馆的出现与宫廷茶宴有莫大的关系。

宫廷茶宴最早出现在江南。唐时宜兴所产的阳羡茶和顾渚紫笋茶均为贡茶，朝廷贡焙就选在湖州顾渚山。每年采摘和焙造时，湖州与常州太守都来此监制，同时邀请社会名流品尝审定，因此出现了一年一度的茶

茶馆外景

顾渚山皇家供茶院遗址

宴。贡茶飞骑，日夜兼程到京城。春光融融中，李唐王朝再摆“清明宴”，敬祖宗，赐群臣，这便是最早的宫廷茶宴。

宫廷茶宴之风流传到民间，民间逐渐兴起茶馆。宋代茶馆数量多、规模大，尤其是南宋迁都江南后，杭州成为全国政治、经济、文化中心，城内茶馆迅猛发展，大街小巷茶馆林立，还出现了夜市。茶馆内的陈设精致高雅，有古玩、花草、名人字画等。茶馆成为人们聚会、叙谈及娱乐的场所。茶馆除供应茶水外，还供应茶点，“冬天叫卖盐豉汤，夏天兼卖梅花酒”，以吸引茶客。宋人吴自牧《梦粱录》中有记载：“汴京熟食店，张挂名画，所以勾引观者，流连食客。今杭城茶肆亦如之，插四时花，挂名人画，装点门面。”杭州城内还有“茶担”，是一种流动的“茶馆”。《杭俗遗风》中记载，每副茶担上备两个锡炉，再备杯箸、调羹、瓢托、茶盅、茶船、茶碗等。

受宫廷茶宴的影响，禅林寺院也出现了茶宴，其中江南余杭径山寺的茶宴名气最大，影响波及海外，甚至带动了日本的茶道。

径山寺位于余杭、临安交界处，唐天宝年间由法钦禅师创建，经多年发展，成为江南禅林之冠，甚至有日本僧人在此留学。法钦自己爱茶，“手植茶树数株，采以供佛，逾年蔓延山谷，其味鲜芳，特异他产。”山中还有龙井泉，清洌甘甜，所以寺中历来有饮茶之风。僧人不但自己饮，更以寺茶待客，久而久之，形成礼仪，后人称为径山茶宴。每每宾主僧徒团团围坐，品茶论事，讲经说法，其乐融融。宋代日本高僧圣一国师等专程来访，专心留寺学经学法，同时受茶风感染，归国时带回制茶技术和茶宴仪式，以及中国的茶具。他们回国后，推广茶法，对日本后世茶道的兴起影响很大。径山寺在日本名闻遐迩，如今日本茶人仍把日本僧人带回去的宋代黑釉盏称为“天目碗”，尊为至宝。

径山寺

明代茶法改革，此后茶馆更是风靡。江南茶人以张岱、闵文水为代表。“崇祯癸酉，有好事者开茶馆，泉实玉带，茶实兰雪，汤以旋煮，无老汤。器以时涤，无秽器。其火候、汤候，亦时有天合之者。”这表明时人对茶叶质量、用水、器具、煮茶火候等都极为讲究，力图以精湛的茶艺吸引顾客。

清末至民国时期，集品饮、小吃、说书、娱乐等多功能于一身的江南都市茶馆广为盛行，既满足了当地人的休闲需求，也吸引了南来北往的商贾和游客。

都市茶馆烧茶的炉灶，叫“老虎灶”，因形体似虎而得名。烟囱伸出屋面，高高翘起像虎尾巴；中间的两只大铁锅，像虎肚；前面的一缸像眼睛；中间填燃料的口像鼻孔；下边还有出口

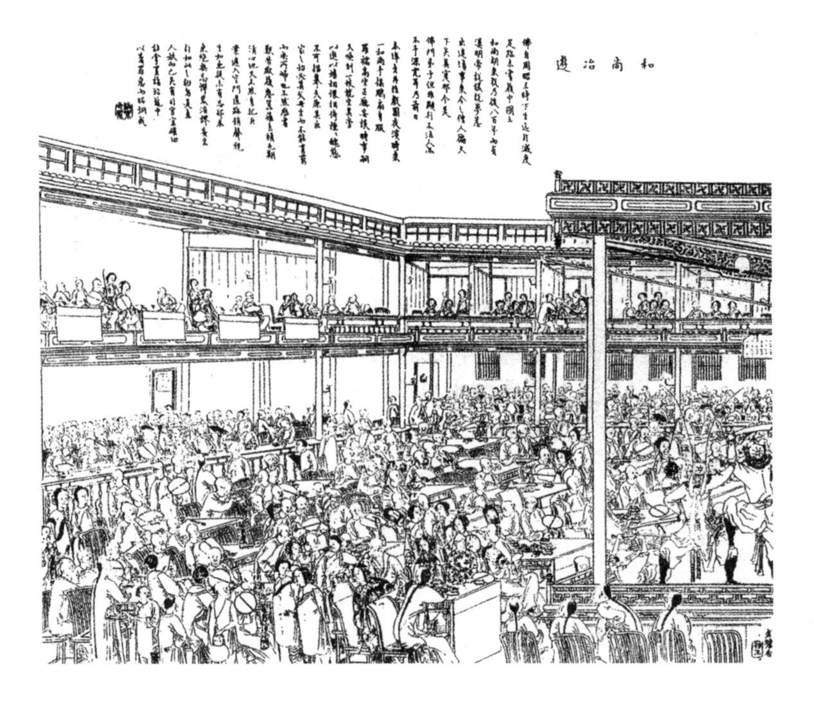

《点石斋画报》里的清代茶馆

处，活生生似一只老虎。老虎灶供水量的大小，全靠燃料孔盖的调节：盖子通风口小，火力就小，热水就少，供应就少；反之则大而多。通常大高锅里的水，烧到 20℃后倒入平锅，平锅里的水烧到 60℃后倒入汤缸，汤缸烧开即可取出冲茶。燃料一般是稻壳，山区也用木屑。老虎灶的烟囱上通常要画水火图案，表示水火相济、和谐相安。

都市茶馆往往有规矩，如两人进店可饮一壶茶，三人进门必须饮两壶。茶客离店时如将壶盖反盖，则表示此茶要保留，茶客还饮第二次。堂倌给茶客添茶，茶客以手指叩谢。大年初一喝早茶，茶客要给堂倌小费，叫“开利市”；堂倌给雅座中有身份的茶客先奉上长生果、瓜子、寸金糖、橘子和一杯甜茶，然后再奉上插

古尚锦茶坊

采用了假山、水景等具有江南水乡特色的设计。

茶馆青砖墙面上，使用斜置光源，给人一种怀旧的感觉。

墙体整体选用青石，体现出一个素雅的感觉。

江南茶馆的设计（苏州茶人村茶馆内景）
江南茶馆在静谧中巧妙布局、衬托出一种别样的水乡风情。

1. 整体：茶馆在满足使用功能后，空间设计中多采用开放式的隔墙错位，营造出园林般的空间感受。
2. 材质：茶馆一般多选取天然石质或木质材料，空间色彩多借鉴传统江南民居的灰色，并以白色、红色、黄色、黑色为其副色调。
3. 光影：茶馆中借助光影的布置可以营造出不同的气氛。
4. 布景：茶馆的布景起着重要的作用。茶几、茶具、灯架、家具、花窗、砖雕门、雕像等等都是重要的点缀之物。江南茶馆的江南风情因为它们而突显出来。

着两枝青橄榄的绿茶。茶客呷过橄榄茶，要用红纸包块银元赏给堂倌，慰劳他一年的辛苦侍奉。

都市茶馆档次分明。高档次的设备好，有雅座，虽然也接纳寻常百姓，但座位不同。雅座的楼上接待有身份的茶客，底层接待普通茶客。中档次是中小业主消闲的地方，次等则是贩夫走卒休息和活动的场所。社会大天地，茶馆小舞台，茶馆浓缩了社会百态。

苏州、常熟、扬州、杭州、南京、上海等都市的茶馆大多临水，自然、人文、名茶、好水，几个优势相结合，茶馆成为人们忙里偷闲的好去处。

旧时苏州的饮茶处，人说多如繁星，“处处桥头见茶肆，条

苏州茶人村茶馆内景

江苏扬州五亭桥

条小街有茶馆”。苏州人品茶，一壶在手，细品慢啜，尤其老年人更喜欢在茶馆中竟日消遣，或听书下棋，或高谈阔论，或俯首低吟，好茶慢慢品味，小吃细细品尝，这种休闲之举，人称“孵茶馆”。

常熟的虞山上产虞山茶，山下有许多茶馆。言子墓道附近有墨香茶社，读书台公园有半山茶室，虞山山顶有望海楼茶室，兴福寺东花园有露天茶座，茶客常在这些地方品茗交谈。

扬州有着二千四百多年的历史，扬州人早、中、晚都饮茶：早茶浓香，润喉醒目；午茶热身，进食爽身；晚茶清淡，引人入睡。更形象的说法是“早上皮包水，晚上水包皮”，这是扬州人的生活方式。“皮包水”是指茶馆的早茶下肚后，茶汤洗涤五脏六腑；“水包皮”是指人们在澡堂泡澡，这是旧时扬州人生活的主要项目。

扬州著名的茶社有庆升茶社、香影廊茶社、富春茶社等，其中以得胜桥畔的富春茶社最负盛名，人称“神仙之阁”。

富春茶社原名富春花局，光绪十一年（1885 年）创办，开办时栽四时花木，制各种盆景，连同茶座一同应市。客人可在此品茗、赏花、弈棋、吟诗。后来此处改为茶社，增茶点，加菜肴，

江南的木船成为茶馆的设计元素，透着温婉和诗情画意

外加创制出名茶“魁龙珠”，因而名气更大。魁龙珠是茶社用自己种的珠兰花窨制的，再配以西湖龙井和安徽魁针，取魁针色、珠兰香、龙井味、运河水，将苏、浙、皖三省优势集于一壶，创意奇特。有人用三句话评价魁龙珠：“头道茶珠兰香扑鼻，二道茶龙井味正浓，三道茶魁针色不减。”

望湖楼

富春茶社历经百年，形成花木、名茶、茶点、菜肴四大特色，吸引了众多眼球，备受人们青睐。茶客落座，端上魁龙珠，一人一杯，茶色清澈，香气诱人。该茶社的点心色彩丰富、层次分明，千层糕、荸荠、三丁包、翡翠烧卖，以及鲜肉包、素菜包、豆沙包、煮干丝、鸡丝面等，都是正宗道地的扬州风味。

著名散文家朱自清先生在《扬州的夏日》里描述：“北门外一带，叫做下街，‘茶馆’最多，往往一面临河。船行过时，茶客与乘客可以随便招呼说话。船上人若高兴时，也可以向茶馆中要一壶茶，或一两种‘小笼点心’，在河中喝着，吃着，谈着。回来时再将茶壶和所谓小笼，连价款一并交给茶馆中人。撑船的都与茶馆相熟，他们不怕你白吃。”朱先生还有优美的散文，就叫《扬州茶馆》，被当做小学课文研读，江南茶馆跟着沾光。

杭州在明清以后，评话兴起，茶客更多。茶馆还流行“鸟儿茶会”。茶客拎着鸟笼来喝早茶，边喝茶边逗鸟。民国以前游船停在涌金门，当时那里的茶馆很多。通火车后，车站附近茶馆林立。秀丽的西湖边更是茶香弥漫，湖畔开设有三雅园及藕香居两大茶馆。城里有四海楼及连升阁等茶馆。至 20 世纪 40 年代末，杭城茶馆仍有三百余处。

目前，杭州新兴茶馆的分布形成了“一个中心、一枝横斜”的格局，即以西湖为中心，沿西湖边的南山路、湖滨路、北山路分布，朝曙光路、龙井路、梅灵路上的茶馆也很多。西湖秀美的

茶馆中的茶叶箱、茶叶罐

西湖吴山上的狮峰茶楼

风光于林立的茶馆相得益彰。新时期的茶馆有环境、有格调、有情致，且个性化极强。据统计，目前杭州城内的茶馆有700多家，有的以茶艺为主，如太极茶道馆；有的以茶点著称，如青藤茶馆；有的以环境著称，如门耳茶坊；也有的集博物、欣赏、品茶于一体，如紫艺阁茶馆、和记茶馆。

尤为奇特的是，杭州茶馆的老板80%以上是女性，年龄大都在25～45岁之间。杭州人享受着最舒服的生活，也为杭州赢得了“世界休闲之都”的称誉。

史书载，南京的茶馆最盛时近千处，仅夫子庙的秦淮河两岸就有茶馆二三十家，人称“秦淮茶馆甲江南”。清初建的魁光阁茶馆，在夫子庙前科举考场旁，因店名寓意夺魁，而兴盛一时。清末著名的茶馆有问渠、迎水台、万全、大禄、雪国、魁光阁、新奇芳阁、永和园、六明后、饮绿、义顺、鸿福园、春和园等，大多数都有一两百年的历史。

作为六朝古都的南京，现在新兴的茶馆也很多。这些茶馆连取名也不拘一格，彰显古城的个性。保持联络茶馆、夜泊花港茶楼、天生一对冰点茶社、沐草人茶社、来来往往茶社、李香君茶社、生命如歌茶吧、茶言观舍、潮韵工夫茶艺馆、红茶馆、得雨话茶茶楼、黄埔月光茶室、四季青茶楼、天茗茶楼、都市情缘茶楼等，随便数数，就在百家之上。

上海的茶馆始建于同治初，最早、最大的茶馆是三茅阁桥边临河的丽水台。它临近当时的“洋泾浜”，共有三层，楼宇轩敞。后来南京路又出现了洞天茶馆。清代光绪初，粤人在广东路棋盘

现代茶馆里的紫砂茶具

上海湖心亭茶馆

上海故园茶馆一隅

上海故园老茶馆

街开设同芳茶居，兼售茶食和糖果，早中晚供应饭食。不久，对面开设怡珍茶居，兼售烟酒。两家茶馆处于闹市地段，在上海早期茶馆中较有影响。稍后出现的茶馆有湖心亭茶室，以及也有轩、四美轩、春风得意楼等。再后来由南向北发展，云南路的鹤林春、广东路的松风阁、福州路的清莲阁、九江路的天香阁、南京路的五云日升楼等。20 世纪初，受海外风气影响，音乐茶座、公园露天茶室在上海应运而生，开全国风气之先。

上海虽是海派之都，但欧美之风与中华民族传统却也能和平共处。江南特色的茶艺馆、茶道馆，装潢富丽典雅、古色古香。港式、台式、日式、英式茶馆，茶具考究，服务周到，茶水、茶点花样多。悠闲的茶客要杯茶，孵半天，最后吃份西式点心，土洋结合,优惠实在。上海可提供茶客品茶的公共场所有5000多处，包括茶馆、茶楼、茶艺馆，以及街道、里弄、公园里的茶室，其中上档次的有湖心亭茶楼、春风得意楼、宋园茶艺馆、汪怡记茶艺馆等二三十家。近年崛起的泡沫红茶坊有170多家。

湖心亭茶馆本为豫园内景，乾隆年间改成湖心亭。咸丰年间始成茶楼，至今已有一百多年的历史，是上海最早的茶楼。湖心亭可容二百余人同时品茶。湖心亭茶馆古朴典雅，里面的茶具、茶几、家具、灯架等极富民族特色，还有专业的茶艺队。客人可以在江南丝竹的优美乐曲中，凭窗品茶。这里曾接待英国女王伊丽莎白二世等国家元首和中外知名人士。平日里，这里的茶客也络绎不绝。

走进新时代，都市茶馆也在更新主张。它们推出文化牌，创造新方式，以典雅时尚的形象进入都市人的生活之中。

第九章

嗜茶人

茶香悠然起

自唐代陆羽《茶经》问世以来，历代文人墨客均与茶结缘，诸多诗、词、歌、赋、书法、绘画都在茶香中诞生。

江南湖州，产茶盛地，茶事丰富，影响深远，吸引许多文人雅士聚集，形成历史上有名的江南文士饮茶群体。陆羽和皎然是这一群体中的代表人物。

陆羽，字鸿渐。天宝年间开始钻研茶事，上元元年（760 年）到湖州，定居苕溪，遇到皎然，一见如故。陆羽注重茶道的科学性，皎然关注茶道的艺术境界，二人相互补充，相得益彰，同心协力推行茶道。二人的茶道吸引了许多文人雅士和达官贵人，其中有著名书法家湖州刺史颜真卿，常州刺史李栖筠，诗人袁高、皇甫冉和皇甫曾兄弟、张志和、孟郊，以及女道士李冶等。他们都是茶的爱好者和推崇者，也是陆羽、皎然的崇拜者和支持者。

陆羽的贡献在于编著了中国茶史的扛鼎之作《茶经》。安史之乱后，陆羽流落湖州，结识一大批好茶文友。陆羽乱中取静，躬身自践，遍游江南茶区，考察茶事，以半生的饮茶实践和茶学知识，在总结前人的基础上写出世界第一部茶学著作《茶经》。他首倡品饮艺术，完成了从解渴式粗放型饮法向细煎慢品品饮型饮法的过渡，使饮茶成为艺术活动，开中国茶道之先河，具有划时代的意义。

唐代陆羽画像
画像中，陆羽坐于松下，展卷阅览，他的身旁置有茶杯。

皎然本姓谢，字清昼，湖州人。他能诗文，善烹茶，初时居在妙喜寺，经常去苕溪拜访陆羽，二人交往的许多诗作存在《全唐诗》中。

袁高，字公颐。建中二年（781 年）任湖州刺史，为人耿直，为官清正。他在进呈紫笋贡茶时，撰《茶山诗》："亦有奸佞者，因兹欲求伸。动生千金费，日使百姓贫。我来顾渚源，得与茶事亲。黎甿辍农桑，采掇实苦辛。"表达对利用贡茶求得飞黄腾达之人的憎恨，对百姓采茶、制茶劳役之苦的同情。

张志和，字子同，本名龟龄，徽州祁门人。16 岁考中明经科，

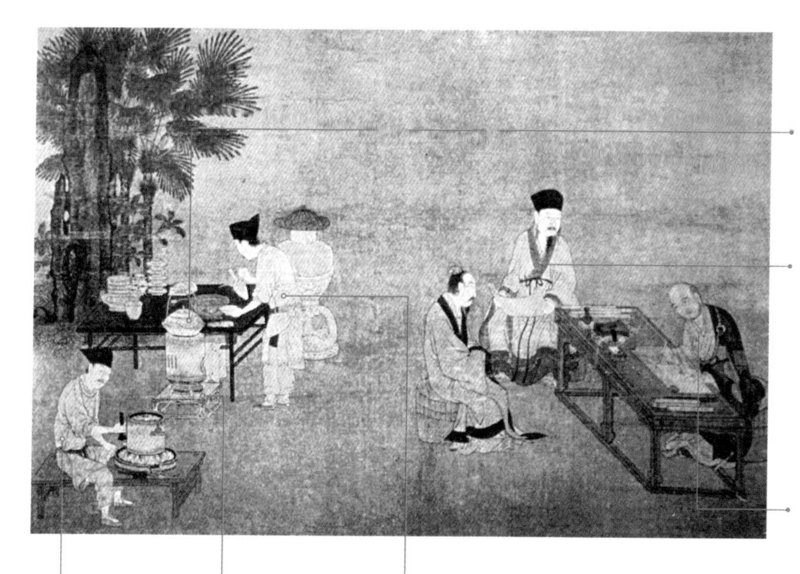

煮水的火炉、水壶、茶巾。

一人正展卷欣赏怀素的书法。

僧人正执笔作书，据说此高僧就是怀素。

仆役坐在矮几上转碾磨茶。

茶筅、茶盏、盏托。

一人立桌边，提着汤瓶点茶（泡茶）。

刘松年《撵茶图》（南宋）
中国台北故宫博物院藏
该画描绘了宋代磨茶煎茶、点茶的过程，同时也展现了点茶用具和点茶场面，表现了宋代贵族真实的品茶场景。

向肃宗上书献策，得肃宗赏识，被赐为待诏翰林，同时受赏一奴一婢。志和将他俩配为夫妇，男名渔童，女叫樵青。渔童拿竿划船，樵青打柴煎茶，后人称之为“苏兰薪桂，竹里煎茶”，成为茶坛佳话。张志和后来担任左金吾卫录事参军，因事遭贬，降为南浦县尉，从此看破官场，浪迹江湖。他自号“烟波钓徒”，往来于杭州和湖州之间。他与陆羽有共同爱好，赏茶、煮茶、品茶、说茶，对陆羽撰写《茶经》很有帮助。

以湖州为中心的文士群体十分重视品茗境界，讲究环境。唐大历八年（773 年），由陆羽发起，颜真卿出资，在湖州杼山建茶亭一座，因时间恰为癸年癸月癸日，故名“三癸亭”。此后，这群文士常常在此聚会，品茶赋诗，赏花观月，调琴弈棋，斗文作

苏轼

北宋著名文学家、书画家，为唐宋八大家之一。与其父苏洵、其弟苏辙并称“三苏”。

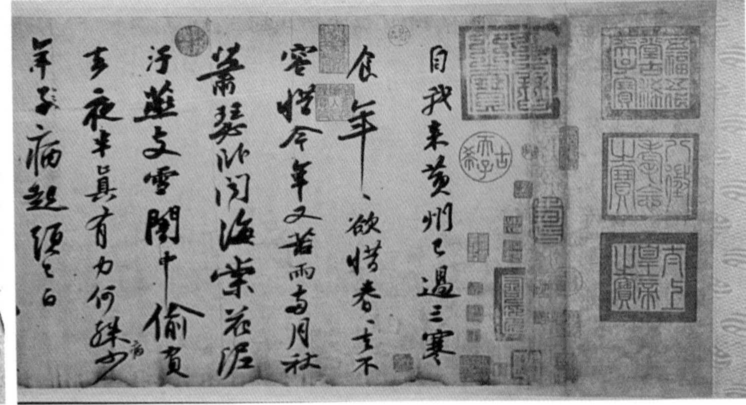

苏轼《黄州寒食诗帖》【局部】（北宋）中国台北故宫博物院藏

《黄州寒食诗帖》诗文苍凉惆怅，书法也有感而书，通篇跌宕起伏，一气呵成。苏轼将情感的变化，寓于点画线条中，多变而浑然天成。此帖在书法史上影响很大，世称“天下第三行书”。

画，以茶会友，亲身践行了皎然倡导的“重九茶宴”，推广茶事，品茶评水，开创了文士茶会的新形式。

宋代人也重文士茶，将茶道与相关艺术融为一体，使品茶过程进入意境，杰出代表是苏轼。

苏轼，北宋文学家，字子瞻，号东坡居士。他长期在江南为官，尝遍名茶，更精于煎茶、饮茶。其诗《和钱安道寄惠建茶》云：“我官于南今几时，尝尽溪茶与山茗。”他饱读茶书，遍访名泉，茶诗《汲江煎茶》云：“活水还须活火烹，自临钓石汲深情。大瓢贮月归春瓮，小杓分江入夜瓶。茶雨已翻煎处脚，松风忽作泻时声。枯肠未易禁三碗，坐听荒城长短更。”写出在自然美景中煎水煮茶的情趣，释放自己坎坷人生的失意。

东坡任杭州通判时，与诗僧道潜友情甚笃。元丰三年（1080年），他夜梦道潜携诗相见，醒来只记二句：“寒食清明都过了，石泉槐火一时新。”梦中苏问：“火故新矣，泉何故新？”答：“俗以清明淘井。”九年后，东坡再度来杭，寒食日访道潜，“舍下旧有泉，出山间。是月又凿石得泉，加洌。参寥子（道潜）撷新茶，钻火煮泉而瀹之。”情同九年前所梦，可见他钟情于茶，心有感应。

平时诸弟子来访，苏东坡以茶相待，但不示珍品，只是他最器重的苏门四学士来访，才取出珍藏的上品茶叶“密云龙”待客。一天，堂上又传，取“密云龙”来，家人以为是四学士来了。上堂一看，来人却是廖正一。廖正一才学过人，是东坡晚年最得宠的弟子，所以也以最珍贵的茶招待。关于“密云龙”，王巩《随手杂录》有载：“元丰中，取拣芽不入香作密云龙茶，小于小团而厚实过之。”苏轼留与后世茶人的“从来佳茗似佳人”等诗句，为人称道。苏轼之弟苏辙也是茶人。他平生爱茶，曾用江苏惠山泉水煎浙江日铸茶，传为佳话。

陆游，字务观，号放翁，绍兴人。一生以抗金为己任，诗名

苏堤

北宋时期苏轼任杭州知州时，为了疏浚西湖，用淤泥构筑的湖堤。后世为了纪念其功绩，将其命名为“苏堤”。“苏堤春晓”为“西湖十景”之一。

浙江绍兴陆游纪念馆
陆游的许多诗篇洋溢着强烈的爱国主义激情，风格沉郁悲壮。其在思想上、文学上均取得了卓越成就。

卓著。他两度担任茶官，接触茶事众多，品饮过无数名茶，先后写下三百多首茶诗，是传世最多的茶诗作家。《八十三吟》有“桑苎家风君勿笑，他年犹得作茶神”的诗句，以陆羽“茶神”自比。

朱熹，字元晦，号晦庵，徽州人，理学大家。朱熹终生爱茶，他先在徽州生活多年，后在福建为官，两地均是茶区。他年少时就戒酒饮茶，说茶有“不重虚华，崇尚俭朴”之德。朱熹幼年就读歙县紫阳书院，于是他后来到福建武夷山也建了一座紫阳书院，并亲手种茶一株，取名“文公茶”，朱熹为此赋诗：“武夷高处是蓬莱，采取灵芽手自栽。地僻芳菲镇长在，谷寒蜂蝶未全来。红裳似欲留人醉，锦幛何妨为客开。咀罢醒心何处所，远山重叠翠成堆。”他常在此著书立说，品茶论道，以及与友人举办茶宴或斗茶会。这株茶如今是武夷山名丛之一。

朱熹对茶的理解有独到之处，他在《朱子语类·杂说》中以茶喻理："物之甘者，吃过而酸，苦者吃过却甘。茶本苦物，吃过却甘。问：'此理何如？'曰：'如始于忧勤，终于逸乐，理而后和。'盖理本天下之至严，行之各得其分，则至和。"他从哲学角度作出对茶的理解，其思想核心"理而后和"，恰恰也是茶的精髓所在，中国茶文化的核心也是一个"和"字。从另一个角度说，理学强调自我修养，而茶则是修养的最好伴侣。

朱熹

南宋著名思想家、理学家。朱熹从小生活在茶风很盛的家庭环境中。父亲朱松喜欢喝茶还写过茶诗。他长大后，钻研理学之余，也成了爱茶者，常写以茶喻理的文章。此外，他对南宋建茶、江茶、草茶、腊茶的品评也相当专业。

朱熹留下许多茶诗、茶联，如《康王谷水帘》是写名泉，《茶坂》是写采茶，还有"客来莫嫌茶当酒，山居偏与竹为邻"茶联等。

方岳，字巨山，号秋崖，祁门人。他与茶的详情现已难考，唯有留传于世的《方秋崖先生全集》，有茶诗茶词近三十首。他强调饮茶要讲究环境协调，以清幽为主，回归自然为乐。他的《煮茶》诗云："瀑近春风湿，松花满地坛。不知茶鼎沸，但觉雨声寒。山好僧吟久，云深鹤睡宽。诗成不须写，怕有俗人看。"方岳对中国茶文化产生深远影响的是他的茶诗《入局》，其中"茶话略无尘土染，荷香剩有水风兼"的"茶话"一词，经后人考证是最早使用并一直沿袭到今天的词汇，使用频率极高。

明代开国，茶法革新，茶事崇尚自然，"吴中四杰"是江南茶杰出代表。

"吴中四杰"指的是文徵明、唐寅、祝允明、徐祯卿。四人都怀才不遇，但均精通琴棋书画，且爱茶，开创了明代文士茶艺。他们注重品茶环境，注意营造氛围，这在他们的画作中反映极多，如文徵明的《惠山茶会图》、《陆羽烹茶图》、《品茶图》等，唐寅的《烹茶画卷》、《品茶图》、《琴士图卷》、《事茗图》等。画中的高士，或赏山间清泉，或抚琴烹茶，或聚会草堂，或独对青山，泉声、琴声、风声、人声与茶的汤沸之声融为一体，茶与人相融相合，天人合一，达到一种很高的精神境界。

“四杰”中，唐寅和祝允明是至深好友，经常往来，不是吟诗作画，就是对联猜谜。相传一天，允明来访，被唐拒之门外。唐说要猜出诗谜，方可进来，诗谜是“言有青山青又青，两人土上看风景。三人骑牛少只角，草木丛中见一人。”要允明一句猜一字，四字连成两句话。允明不假思索，迈开大步，往太师椅上一坐，高声说“茶来！”唐寅见状，不但不怪他莽撞，反而立即捧上香茶，并拱手作揖道：“老兄不愧为谜界高手，佩服佩服。”原来谜底是：请坐！奉茶！

“四杰”以外，江南茶人还有不少，如苏州顾元庆、绍兴徐渭、太仓王世贞和王世懋、杭州田艺蘅、休宁丁云鹏等。其中，精于茶艺的张岱和闵汶水不得不说。

文徵明《林榭煎茶图》（明）天津艺术博物馆藏

文徵明（1470~1559），号衡山居士，“吴中四杰”之一，从李应祯学书，从沈周学画。诗文、书法、绘画都有着很高的成就。

此图画面古朴，用笔秀润，自然天成，表现了主仆二人悠闲煮茗的情景。

江南松林、茅草屋，体现着一种闲适之情。

高士坐在窗前，正看着童仆煎茶。

茶炉前的童仆正扇火煎茶。

张岱，字宗子，号陶庵，浙江绍兴人。闵汶水，徽州休宁人。

张岱的《陶庵梦忆》记述了自己与闵汶水品茶定交的故事。闵汶水以煮茶闻名，有“水火皆自任，颇极烹饮态”的功夫，人称“闵老子”，当时许多名人，识与不识的，凡路过他家必去拜访，以能品饮闵老子的茶为荣。一日张岱去访，恰逢闵老子外出，家中仅一老太婆留守。张久坐不走，问何故？张说慕名而来，今天若不能痛痛快快饮上闵老子的茶，决不回去。闵老子回家，听说此事，非常高兴，于是“自起当炉。茶旋煮，速如风雨，导至一室，明窗净几，荆溪壶、成宣窑瓷瓯十余种，皆精绝。灯下视茶色，与瓷瓯无别，而香气逼人。”张岱见状拍案叫绝。闵老子说茶为“阆苑茶”，水为“惠泉水”。张岱有疑，问：“茶似阆苑制法而味不似，何其似罗芥甚也。”闵老子听罢，敬佩而吐舌，“奇，奇！”于是据实相告。少顷，闵老子再持茶水一壶，满斟请饮。张岱啜饮后，说：“香朴烈，味甚浑厚，此春茶耶？”闵老子大笑：“余年七十，精尝鉴者没有能与你相比的。”闵张二人，辨茶能辨产地、制法、采制季节，品水能辨水之新陈、老嫩，功夫可谓精极，志同道合，遂成至交。

高山峻岭，高阁临江，文人正坐在阁中，远眺落霞与孤鹜。

案上摆放着茶杯、锦盒等物。

唐寅《落霞孤鹜图》（明）上海博物馆藏

唐寅（1470～1523），字伯虎，号六如居士，江苏苏州人。工诗文，擅画山水、人物、花鸟，为“吴中四杰”之一。此画描绘了文人高坐阁中品茗而眺望落霞孤鹜的场景。

清代，皇帝喜爱江南茶，故江南茶身价倍增，出了不少名茶。

首先是康熙御题碧螺春。据说有一年，洞庭湖中碧螺峰的茶叶长得特别旺，采茶姑娘的竹篓装不下，放入怀中。受热气熏陶，茶叶香气浓烈无比，姑娘兴奋得惊呼，“吓煞人香！”。康熙巡幸太湖，见此茶隐翠，质地不凡，心中喜爱，但觉茶名不雅。他细看茶色碧绿，形状纤卷，又采自碧螺峰，便灵机一动，赐名“碧螺春”，并挥笔题名，从此洞庭碧螺春名扬天下。

康熙皇帝像

康熙皇帝（1654~1722）全名爱新觉罗·玄烨，“康熙”为其年号。康熙勤于政事、好学敏求、崇尚节约，开创了“康乾盛世”的黄金时代。

其次是乾隆专程访龙井。最值得纪念的，是他敕封了当时仅有的十八棵茶树为“御茶”。传说乾隆南巡，每次停跸杭州，必定要品味天下闻名的龙井茶。一次刚到杭州，便发出话来，明日去龙井茶园，观赏龙井茶，品饮龙井泉。

次日，乾隆一行浩荡而来，狮峰垂首，龙泉雀跃，茶旗摇曳，采茶姑娘更是欢歌笑语。乾隆来到胡公庙，老和尚恭敬捧上最好的香茶。乾隆仔细端看香茶，芽头耸立，汤色碧绿，清香馥郁，很是诱人，急忙啜一口，顿感香气直冲脑门，滋味甘甜醇厚，满口流香。

乾隆问和尚自己所品饮的是什么茶，和尚答道是西湖龙井中的珍品，是用狮峰茶园最上等的芽头制成，故叫狮峰龙井。于是乾隆走到庙前茶园，他看到茶树芽梢齐发，雀舌翠立，忍不住捋起袖子采起茶来。正在兴头时，忽然太监来报，皇太后有病，请圣上急速回宫。乾隆不敢怠慢，随手将采下的芽头往口袋一放，立马启程回宫。

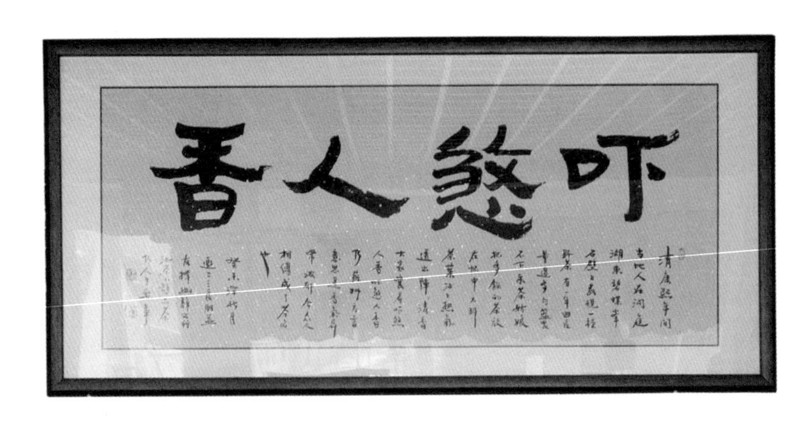

“吓煞人香”匾额

太后本无大病，只是山珍海味吃多了，肠胃不舒服，眼见皇帝回朝，病就减去几分，于是问起皇儿南巡情况。闲谈间，只觉阵阵清香袭来，太后便问道，“皇儿身上带有何物，如此喷香？”皇帝想，“我匆匆而回，没带什么东西孝敬母后，这香气从何而来呢？”他仔细一嗅，原是身上有香气散出，用手摸去，顿时明白。乾隆急忙回话，“是皇儿从西湖边采来的上等狮峰龙井茶。”皇太后吩咐道，“快泡给我尝尝。”

泡好的香茶递到皇太后手里，她连饮几口，顿感神清气爽，身心舒适无比。她心中高兴，对乾隆皇帝说，“仙茶呀，立刻就将娘的病治好了，不亚于灵丹妙药啊。”乾隆更是高兴，吩咐道，“传旨下去，将胡公庙前那茶封为御茶，岁岁进贡，专供皇太后享用。”

杭州狮峰山石碑

下人到胡公庙前一数，不多不少，恰是十八棵，数字十分吉利，从此“十八棵御茶”名闻天下。如今那十八棵御茶，依旧临风而立，风采盎然。

皇帝爱茶有佳话，文人雅士也不差。

清代，“扬州八怪“之一的汪士慎，爱茶如痴如醉，吟茶诗、作茶画，在画坛、茶坛也多有故事。

汪士慎的《巢林先生小像》是著名茶画。这是作者自画像，画面上一清瘦老者，长袍加身，屈膝而坐，左手端杯，作欲啜状，“茶痴”神韵呼之欲出。另一幅《煎茶图》，画面上有石有竹，有矮屋有炊烟，三四人身着田衣、脚著山屐正在品茶，浓浓的山野气息跃然而出，影响甚广。

杭州龙井石碑

汪士慎还有借诗咏茶的创造，如他的长卷《墨梅图》，画面主题是墨梅，看似与茶无关，但画上诗作却点出茶意：“西唐爱我痴如卢，为我写作煎茶图。高松矮屋四三客，嗜好殊

汪士慎

汪士慎，休宁人，有巢林艺人、左盲生等名号。他一生清苦，终身不仕，精篆刻，善画工，尤以画梅见著，其梅“繁枝千花万蕾，管领冷香”，人称“画梅圣手”。他还是一个嗜茶如命的茶客，“知我平生清苦癖，清爱梅，苦爱茶”，乃至人称为“茶怪”。

人推狂夫。时予始自名山返，吴茶越茗箬里满。瓶瓮贮雪整茶器，古案罗列春满碗。饮时得意写梅花，茶香墨香清可夸。万蕊千葩香处动，横枝铁杆相纷拿。淋漓扫尽墨一斗，越瓯湘管不离手。画成一任客携去，还听松声浮瓦缶。”作者以梅花抒发茶情，构思新颖，可见他爱茶之痴，饮茶之狂，醉茶之豁达。

汪士慎爱茶至极，几乎可以贪婪概括。厉鹗云：“先生爱梅兼爱茶，啜茶日日写梅花。要作脑中清苦味，吐作纸上水霜桠。”这并非是夸张之语，他“日日啜茶写梅花”，以致患有目疾。“客至煮茶烧落叶，人来将至乞梅花。”梅与茶是汪士慎一生中两大爱好，而茶在其中排在第一位。“平生煮泉百千瓮，不信翻令一目盲”，这是他在《蕉阴试茗》中的自我描写，并自注云：“医云嗜茗过甚，则血气耗，

汪士慎《花卉图册》

致令目皆眚。”因茶失明，这从科学角度是否说得过去，暂且不论。但就当时条件而说，医家作此结论可谓权威之词，但汪士慎不为所动，仍恋茶不辍，我行我素，乃至六十七岁时双目失明。“老来目病十余年，生计悠悠半子虚。”这是汪士慎老境的自嘲联，“饭可终日无，茗难一刻废。”这是友人对他的评价，如此痴狂嗜茶在中国茶史也是不多见的。

同汪士慎一样爱茶的还有一位僧人，他叫虚谷。

虚谷，俗姓朱，名怀仁，剃度后更名虚白，字虚谷，号倦鹤、紫阳山人。歙县籍，家居扬州，后来寓居上海，以画为业，声望极高。

虚谷像

虚谷茶画较多，有一幅《茶热香温》，画面仅两种物件，一是青蓝色提梁茶壶，一是透明玻璃杯，杯中随意插着几朵兰花，茶香兰香，互相映衬；另一幅《菊花与茶具》，画面上一朵横枝卧开的大菊花，菊花后隐约藏着一把青绿色提梁壶，花茶相映，别生意采；再一幅《茶壶秋菊》，画面下部是一株大白菊，紧靠白菊是一把写意大茶壶，壶身尤其突出，花色茶香，相得益彰。虚谷对茶对壶，情有独钟，笔墨所到之处，韵味无穷，堪称茶坛佳作。

虚谷《菊花与茶壶》（清）

素净的菊花延伸出花瓶，一把茶壶静伫其前，此画清新淡雅。

清末，茶事鼎盛，有一位叫程雨亭的茶人。程雨亭，浙江绍兴人。光绪二十三年（1897年）春，供职于皖南茶厘局。茶厘局的首要宗旨是征捐稽税，然而他励精图治、革陈去弊，着力整顿茶务，事迹被载入史册，永恒留存。

整肃吏治。当时的茶厘局“向有需索经过茶船之弊”，“验票之分卡，名为稽查偷漏，徒索验费，而于公无甚裨益”，“司事巡勇，至各商号称箱点验，不免零星小费”。针对如此勒索敲诈现象，程雨亭拟定章程，规定各号茶叶只走一个关卡查验，“此外一概豁免，以归简易”，并“申儆再三，不准向商号毫厘私索，及纷忧酒食等事”。茶号办理通行手续，“职道皆切实面谕，唯恐或有蒙蔽”。

整治牌号。茶业兴，茶号兴，而“奸侩往往以劣茶冒老商牌号”，程雨亭采用办理印照的办法，规定“每号领照以后，准其永远专利，公家一切捐项，十年以内，均不科派”，“每届成箱请引之时，由局派员秉公抽查，如茶箱内外，牌号不符，由茶业公所公议示罚”。

规范采制。鉴于当时茶市竞争激烈，洋商以种种借口，退盘割价。对此，程雨亭出公告，要求茶农早摘嫩摘，生叶“不得以柴炭熏焙”，制茶“务当用锅焙炒，以保真色香味”。他还大力倡导各地要采用机器制茶，痛改从前以手足搓制之旧习。

近现代茶人辛勤奉献，胡浩川、吴觉农、蒋芸生、方翰周、王泽农、庄晚芳等茶人，都为江南茶发展作出不朽奉献，成为彪炳青史的大家。还有陶行知、胡适、刘峻周、张宗祥、马一浮、方翰周、陈椽、李联标等，也都是标准茶人，或以教育传茶，或用文化传茶，或凭技艺传茶，同样是江南茶的支持者、传播者和创新者。

第十章 讲茶俗

客来茶当酒

「百里不同风，千里不同俗。」江南自古就有以茶待客、以茶会友、以茶礼聘的风俗，从而形成了独特的茶文化。

茶走入人们的生活，对起居、习俗、礼仪形成了影响。很多人无论富贵，无论贫贱，都离不开茶。日常生活不用说，三时四节、婚丧嫁娶、宗教祭祀，也离不开茶。江南茶俗积淀深厚，源远流长。

大众化茶俗是一种礼节，一种修养。以茶会友，客来敬茶，是江南人家最普遍、最基本的礼节。二人会面，开口一声“到我家吃茶”，是热情语；二人赌气，嘀咕一句“在你家连茶也没喝一口”，是埋怨词。奉茶待客，是江南人家家必修的美德课。

追根溯源，以茶会友早在唐代就有体现。著名书法家颜真卿等文士，月夜饮茶，赋诗抒怀，留下《五言月夜啜茶联句》。宋代苏轼与秦观游惠山，以惠山泉煮茶，也是佳话。

文士饮茶讲究宜忌，明代湖州司里冯正卿强调：“饮茶之所宜者，一无事，二佳客，三幽坐，四吟诗，五挥翰，六徜徉，七睡起，八宿醒，九清供，十精舍，十一会心，十二赏鉴，十三文

二文人赏惠山泉池

童子正在烹茶、布置茶具

文徵明《惠山茶会图》（明）

此画描绘文徵明与好友蔡羽、王守、汤珍等人在无锡惠山游玩、赏泉、品茗的场景。

僮。”“饮茶亦多忌，一不如法，二恶具，三主客不韵，四冠堂苛礼，五荤肴杂陈，六忙冗，七壁间案头多恶趣。”这七忌十三宜，保障着饮茶情调不走味，被后人口口相传。

民间茶礼质朴无华。农家夏季习惯用四耳陶瓷钵泡茶，或用大茶壶泡茶；冬天在火上吊把铜壶，客人到了，从壶中倒出一杯奉上，以茶待客，逢节时还配上茶点。没有修饰和夸张，自然随和是最上等的真情实意。

礼仪江南，有来有往。东家热忱相待，客家必定礼貌相谢。回谢赠茶的礼节，通常是欠身而起，道声谢谢，也有是用食指和中指轻敲桌面，以叩代谢。

“以叩代谢”的茶礼源于乾隆皇帝。说是乾隆南巡到苏州，一天微服出访来到茶馆歇脚，见堂倌忙不过来，一时忘记自己身份，随手拿起茶壶开始给随从们斟茶。皇上突如其来的动作，令

青山翠柏的江南山林风光。

两文人正在曲径上攀谈。

随从顿时手足无措，不知如何是好。情急之下随从急忙伸出右手，弯曲食指和中指，朝着皇上轻叩几下，形似双膝下跪，叩谢皇恩。乾隆大喜，轻声夸奖，“以手代脚，诚心可嘉”。从此这一礼俗便广泛流传。

江浙一带，订婚称“下茶”、结婚为“定茶”、同房叫做“合卺茶”，总称“三茶”。新婚大喜日，隆重摆出三道茶，是拜堂成亲必不可少的礼节：第一道白果汤，第二道莲子红枣汤，第三道为正宗茶汤。新人接过一道茶，对神龛作揖敬神；接二道茶专敬父母；接三道茶夫妻双双一饮而尽。寓意祈求神灵保佑，新人白头到老，夫妻恩爱永久，同时感谢父母养育之恩。只有完成这道程序后，才可掀起闹洞房高潮，可见茶礼多么重要。江苏一带，男方对女方下定，又叫“传红”，先由媒人以泥金红纸送去女方“八

禅寺香茗

字”，男方则送茶果金银回帖，其中茶叶有数瓶，甚至百瓶。迎亲日，新郎在女家门口等待，开门才可进入。过一道门，作一次揖，直到堂前，才可见到岳丈和宾客，然后饮茶三次，到岳母房中歇息，等新娘上轿，这叫“开门茶”。

苏州婚俗，流行一种跳板茶。新女婿和舅爷进门，稍坐片刻，女家便撤掉台凳，腾开堂前空间，在左右两边靠墙处各放二把太师椅，椅背衬好红色椅披。新女婿和舅爷坐头二座，另二位至亲坐三四座，然后由烧水泡茶敬茶的“茶担”托着茶盘，表演跳板茶，向四位宾客献茶。表演者拖着木板跳舞献茶，身体要软，脚步要健，节奏要轻，为的是茶盘茶水不溅出。一番表演，好不热闹，亲朋好友观赏，满堂喝彩，形成婚礼中的一个高潮。

佚名《达摩祖师画像》（年代不详）

相传达摩祖师某日在山中修行，为了防止瞌睡，他将自己的眼皮割下，扔到地上。割下的眼皮在小土丘上长出了一颗嫩芽。祖师将其芽叶用热水煮后饮之，感觉神清气爽。自此茶与禅便结下了不解之缘。

徽州一带，婚俗茶礼内容更丰富，仅“三茶六礼”的具体内容，各地就不一。如歙县是指接待标准，三茶即清茶、枣栗茶和鸡蛋茶，六礼指送定规、送担、送日子、纳币、纳吉、迎娶。寓意是“茶不移本，植必生子”。古人结婚以茶为礼，取其不移置子之意。

婚礼是婚嫁中的高潮，徽州程序尤繁多，而每一道程序的转换，必以喝茶为过渡。祁门南乡贵溪村是祁红创始人胡元龙的故乡，这个村办婚礼就有五道茶仪：一是斗床茶、二是进门茶、三是拜堂茶、四是合卺茶、五是教礼茶。

婺源县姑娘出嫁前，用红丝线扎茶成朵，称“茶花”，带往新郎家中。婚礼高潮结束，新娘用茶花孝敬公婆，款待嘉宾。来宾品尝佳茗，夸奖新娘，祝福婚后幸福。由此派生出婺源墨

盖碗“三道茶”

婚礼中，“三道茶”是必不可少的礼节。最重要为第三道的茶汤，以祈求新人白头偕老、永结同心。

菊等名茶，融饮用、观赏、技艺于一体，是上等工艺茶。

徽州有的地方新娘上轿，女方家长还在轿两边各系一只红布、蓝布各半的小布袋，布袋一般五寸长，里面装着茶叶、板栗、红豆、枣子四样东西，板栗谐音吉利，红豆表爱情，枣子示早生贵子，茶叶寓意用以驱邪，可见茶叶在这里成了吉祥物。

歙南农村回礼也有茶，礼品是一包茶和一袋米。有的说“茶示水、米示土”，意为能服水土；也有的说茶“至死不移”，以寓爱情坚贞不移。还有的地方婚礼结束时间，是等新娘回娘家吃过满月茶后才算完毕。屯溪在三朝回门时，新娘要由长亲陪伴向所有亲戚送茶施礼，这叫认亲。更有趣味的是，结了婚的姑娘在婚礼后一年中仍叫新娘，每有新客来看新娘，东家就必须邀请客人喝一次新娘茶。新娘茶的做法也很奇特，要在茶中放入佐料，有的是雕刻成花状的五香茶干，有的是盐水笋，有的则是石榴。各地做法不一，总之佐料可以根据季节不同来选择。这些茶点由新娘从娘家带来，新婚次日，由新娘亲自烧茶，布置茶点，向公婆和亲朋好友敬茶。更有甚者，有些村庄喝新娘茶还可以像喝酒那样，以茶的杯数猜拳喝令打擂台，闹个天翻地覆，不亦乐乎。

湖州地区，女方收男方聘礼，叫“吃茶”或“受茶”，结婚日谒见长辈叫“献茶”，长辈送见面礼叫“茶包”。孩子满月要剃头，以茶汤洗头叫“茶浴开石”，寓长命富贵、早开智慧之意。

光绪浙江《归安县志》记载，民间婚礼有坐茶程序。“婿至，主人使亲族子弟迎入，升堂并拜，谓之拜厅，主人以茶果款婿，谓之坐茶。既毕，新郎遂抱新娘上轿。”

浙江一些地方，在婚后第三天有女方父母前去看望女儿的习俗，称为“望招”。他们去时带上烘豆、橙皮、芝麻，以及谷雨前茶，以便亲家会面时边饮边谈，称为“亲家婆茶”。

徽州风光

上海青浦商榻乡有婚礼第二天吃喜茶的习俗，左邻右舍先看新房、说祝福话，入座后主人为客人端上一碟新娘从娘家带来的茶点，红皮甘蔗、红枣、桂圆、胡桃、糖块等，新娘拎起茶壶，在婆婆的引领下，逐个为客人敬茶一次。

茶走进喜事，表达的是礼节，是企盼，是祝福。茶走进丧葬祭祀，表达的是祈祷，是寄托，是愿望。绍兴、宁波等地供奉神灵和祭祀祖先，桌上除鸡、鸭、鱼、肉等食品外，还放九个杯子，其中三杯茶、六杯酒，叫三茶六酒。因九（酒）为奇数之终，代

苏州同里婚庆场面（蜡像）

古代新娘陪嫁物品（陈列品）
图中有果子筒、提篮、考篮、茶壶筒，可见茶在古代是婚庆中的重要事物。

表多数，表示祭祀隆重丰盛。

古书《异苑》记载了一个离奇故事。浙江嵊州人陈务的妻子，年轻守寡，与两个儿子住在一起，喜欢饮茶。屋后宅基地上有座古墓，母亲常常泼茶祭祀，儿子不以为然，打算挖掉，被母亲劝止。是夜母亲梦见有人对她说，我的坟墓已有三百余年，差点被你的儿子挖了，承蒙你出面保护，加上又长期享受你的好茶，我将不会忘记。天亮，母亲便看见古墓上有十贯铜钱，像是很早埋入地下的，但穿钱的线却是崭新的，她便将此事告知儿子。儿子深感惭愧，从此以茶祭祀更虔诚。故事是虚构，但以茶祭祖的风俗是真实的。

此外，长辈做寿，晚辈送茶叫“寿茶”；建房架梁，梁上悬茶叫“发茶”；新娘进门，先后要吃莲子茶、枣子茶、桂圆茶、总称“三道茶”；儿童入学，喝杯清茶，叫“状元茶”；建房撒茶叶，求的是吉利。

新年喝茶，江浙叫“元宝茶”，徽州叫“发利市”。清明喝茶叫“清明茶”，栽秧喝茶叫“开秧门茶”，端午喝茶叫“端午茶”，中秋喝茶叫“中秋茶”。江浙一带尤其重视端午茶，选用苍术、柴胡、藿香、白芷、苏叶、神曲、麦芽、红茶等压成小包，泡服或煎饮，具有祛风散寒、消食暖胃的功能。

四季更迭另有节令茶，春夏天放佩兰、藿香、淡竹叶、薄荷等，金秋放金橘、橄榄、白菊花，严冬放干橘皮。杭州一带，新茶上市，祭罢祖先，定要将新茶和糕团赠给亲友。明代《西湖游览余志》载：“立夏之日，人家各烹新茶，配以诸色细果，馈送亲戚毗邻，谓之七家茶。”

江南地区的人大都爱唱茶歌，唱快乐，唱辛苦，唱愿望也有唱悲愤的，如浙江富阳有首茶谣：“富阳江之鱼，富阳山之茶。鱼肥卖我子，茶香破我家。采茶归妇，捕鱼夫，官府拷掠无完肤。昊天胡不仁？此地亦何辜？鱼胡不生别县？茶胡不生别都？富阳山，何日摧？富阳江，何日枯？山摧茶亦死，江苦鱼始无。山难摧，江难枯，我民不可苏。”

茶俗劲吹民情味，茶俗频传世道风。如此说，茶俗是社会的一面镜子。

银鋈金双喜托杯

古代结婚时用茶杯。造型精美，龙凤双柄上系着五彩丝线，下托海棠型托盘。杯子外壁万字纹转绕着双喜字，喜庆而华丽。